CONSIDÉRATIONS

SUR

L'ÉTAT DES TROUPEAUX ET DES LAINES

EN FRANCE,

ET

MOYENS DE LES AMÉLIORER.

TRAVAIL

Remis à Sa Majesté l'Empereur des Français,

PAR CHAUVET-FROGER, ANCIEN NÉGOCIANT EN LAINE.

Paris. — Typ. de Mme Ve Dondey-Dupré, rue Saint-Louis, 46.

TRAVAIL

SUR LES

TROUPEAUX MÉRINOS

ET

LES LAINES,

REMIS

A Sa Majesté l'Empereur des Français

PAR CHAUVET-FROGER,

Ancien négociant en laine,

INDIQUANT LES MOYENS DE RÉTABLIR EN FRANCE

Les riches troupeaux mérinos détruits depuis 1835 par le croisement du troupeau reproducteur de Rambouillet, et le système à suivre pour produire les cent millions de laines fines que le commerce français va chercher à l'étranger depuis quinze ans, au détriment du sol et des cultivateurs qui peuvent les produire ;

Ainsi que les moyens d'augmenter le produit des troupeaux dans toutes les provinces en faisant les concours généraux au centre de chaque région, et en plaçant un troupeau reproducteur approprié au sol et à la température dans chacune de ces régions.

Prix : 1 franc 50 centimes.

PARIS

GARNIER, LIBRAIRE, PALAIS-ROYAL, 215,

ET CHEZ MADAME VEUVE DONDEY-DUPRÉ,

Rue Saint-Louis, 46, au Marais.

1853

Entendant tous les jours les hommes qui sont chargés de la direction des troupeaux reproducteurs parler troupeaux mérinos, vous pensez sans doute, Sire, que la France produit encore des laines mérinos. Eh bien! vous êtes dans l'erreur la plus complète, ainsi que tous les cultivateurs; car depuis vingt ans que le troupeau de Rambouillet a été croisé avec des métis, ce troupeau reproducteur étant croisé a détruit tous les troupeaux mérinos du nord de la France, qui depuis 1808 avaient été conservés par les béliers du troupeau mérinos de Rambouillet; de la laine mérinos il n'en reste plus en France que le nom. Aussi, le commerce français qui, en 1830, n'allait chercher à l'étranger que pour 30 millions de laines communes et intermédiaires que le nord de la France n'a pas d'avantage à produire, a été chercher à l'étranger, en 1852, pour plus de 100 millions de laines mérinos et intermédiaires, que la France produisait il y a vingt ans, et ne produit plus aujourd'hui. Les troupeaux mérinos que l'Empereur avait importés en France en 1808, cette riche matière dont il avait doté les provinces du Nord; ce troupeau reproducteur qu'avec sagesse il avait placé à Rambouillet pour en conserver la race dans la reproduction et mettre les cultivateurs du Nord à même d'en produire, tout cela est détruit! Et si vous voulez, Sire, que la France ne soit pas tributaire des étrangers de toutes les matières premières, il faut qu'imitant l'Empereur, vous recommenciez ce qu'il fit en 1808, vous fassiez acheter en Allemagne des brebis et des béliers mérinos, et formant un troupeau reproducteur, vous mettiez les cultivateurs du nord de la France à même de rétablir des véritables troupeaux mérinos de grands produits, afin de pouvoir alimenter les fabriques françaises de cette riche matière, et faire cesser le scandale de nos fabricants, obligés de faire trois ou quatre cents lieues pour aller chercher la véritable laine mérinos de grands prix, que la France produisait il y a vingt ans. Les cultivateurs du nord de la France peuvent en les produisant doubler le produit des troupeaux, alimenter nos fabriques et faire en sorte que les 100 millions portés chaque année à l'étranger depuis 1840 pour achat de laines fines et intermédiaires soient répartis aux cultivateurs français.

Sire, je sais que vous connaissez parfaitement les chevaux. Eh bien ! vous savez qu'un étalon et une jument demi-sang ne peuvent produire un cheval pur sang ; pour les troupeaux, la question est la même, un troupeau mérinos une fois croisé ne peut plus produire de laines mérinos. Toutes les fois que l'on croise une brebis mérinos avec un bélier métis, ou commun anglais, c'est le commun qui l'emporte dans la reproduction. C'est ainsi que les gérants qui dirigent les troupeaux reproducteurs sont arrivés en très-peu d'années à détruire les laines mérinos en France. Si l'étalon et la jument pur sang peuvent se reproduire dans toutes les provinces de la France, il n'en est pas de même des troupeaux, et surtout de la race mérinos, qui ne peut se produire que dans certaines conditions de sol et de température. L'air de la mer, se faisant sentir à trente et quarante lieues, détruit la laine mérinos ; l'air vif des hautes montagnes comme les Hautes-Pyrénées et les Alpes, ne permet pas de produire ni laines mérinos ni laines métisses à une grande distance de ces montagnes; pour pouvoir produire la laine mérinos, il faut pouvoir réunir le climat tempéré du nord de la France et de l'Allemagne, et le sol qui convient à ce genre de troupeaux. La chaleur du midi de la France est trop grande ; elle durcit et grossit même la laine métisse, et ne peut produire la laine mérinos ; puis, comme il faut un sol qui convienne à ce genre de laine, les études faites depuis 1808 ont démontré qu'en France il n'y avait que quatre provinces qui pouvaient produire les véritables laines mérinos ; ce sont les provinces de l'Ile-de-France, la Bourgogne, la Champagne et une partie de l'Orléanais. Dans ces quatre provinces, l'Ile-de-France, par sa température et la nature de son sol, donnera toujours des produits supérieurs aux trois autres, et dans cette province, le Multien, la France, la Brie et le Soissonnais, sont les parties du sol où la nature a réuni toutes les conditions voulues pour produire les plus belles laines mérinos de l'Europe. Vous commencez à voir, Sire, que tous les peuples et tous les cultivateurs, même en France, ne peuvent à leur gré produire la laine mérinos. Pour que vous sachiez par quel moyen les troupeaux mérinos ont été détruits en France, je vais en quelques mots vous faire connaître les phases que la laine mérinos a subies en Europe depuis 1808.

En 1808, deux provinces au nord de l'Espagne produisaient seules en Europe les laines mérinos ; c'étaient les provinces Léonaises et Ségoviannes. L'on ne connaissait alors que les draps fins de Ségovie. Depuis, l'Espagne ayant croisé les troupeaux mérinos avec les métis pour en augmenter la branche, a perdu la production de la laine mérinos, et est obligée, comme la France, de tirer les laines mérinos de l'Allemagne. L'Empereur, en 1808, lors de la campagne d'Espagne, fit transporter dans le nord de la France des troupeaux mérinos, et plaça un troupeau reproducteur à Rambouillet ; ces troupeaux s'aclimatèrent, produisirent des laines mérinos de grands prix et donnèrent des laines fines dont les riches toisons rapportaient 15 et 20 francs. Ces troupeaux remplacèrent des troupeaux qui ne rapportaient que 3 à 4 francs, et enrichirent les cultivateurs du Nord. En 1814 et 1815, les Allemands s'emparèrent à leur tour de nos troupeaux mérinos, et les transportant au nord de l'Allemagne, commencèrent ainsi à produire des laines mérinos ; mais, mieux inspirés que les Espagnols et les Français, ils conservèrent la race mérinos pure de tous croisements, ce qui fait qu'ils sont les seuls en Europe qui, aujourd'hui, produisent les véritables laines mérinos, et alimentent toutes les fabriques de l'Europe de ces riches produits. L'Allemagne a quatre provinces qui, se trouvant situées comme celles de la France, peuvent produire les laines mérinos, ce sont : la Saxe, la Silésie, la Moravie et la Bohême. Ces provinces forment un carré qui, éloigné de la mer et des hautes montagnes, remplit toutes les conditions de sol et de température pour pouvoir produire les laines mérinos de grands prix. La Hongrie et la Pologne produisent également des laines mérinos, mais le sol et la température étant moins favorable que celui de l'Allemagne, les produits sont inférieurs. La Russie produit également des laines mérinos; depuis vingt ans l'Empereur a forcé les propriétaires à former des troupeaux mérinos; mais le froid donne un lustre à la laine qui nuit à la fabrication des draps fins, et ne permet à la laine de Russie que de faire les articles nouveautés, ou l'article de peigné. La Belgique, le Mecklembourg, la Prusse, ne peuvent produire de laines mérinos, l'air de la mer ne le permet pas. La Prusse ne produit de laines mérinos que dans la Saxe et la Silésie. L'Angleterre ne peut produire ni laines mérinos ni laines métisses ; elle ne peut produire qu'une grande laine commune sans valeur et sans produit, à laquelle le climat donne un lustre. Cette laine s'emploie, en Angleterre, à faire des étoffes lustrées et du peigné pour bonneterie et tapisserie; mais cette race de troupeau, transportée hors de l'Angleterre, perd ce lustre; ce n'est plus qu'une laine commune sans valeur et sans produit, car les brebis d'Ischeley et Southdow, transportées en France et croisées avec des béliers métis, ne donnent que de faibles produits, parce que dans ce croisement c'est le commun qui l'emporte, et après deux ou trois croisements, les produits de ces brebis croisées donneront à peine 3 à 4 francs de laines par toisons, comme les troupeaux communs que la France possédait il y a cinquante ans. Les moutons sont très-gros, mais il leur faut pour exister les prairies abondantes de l'Angleterre, et qu'ils soient constamment dans l'herbe jusqu'au ventre. En France, comme ils ne trouvent pas à se nourrir, il faut les nourrir à l'auge, ce qui coûte fort cher, et est presque impossible pour les troupeaux d'élève provenant de croisement anglais, parce qu'ils sont sans produits en laines.

Voici en quelques mots ce que la nature permet de produire en laines aux différents États de l'Europe. Cet abrégé sera suffisant pour que vous reconnaissiez que l'on n'impose pas la nature de la laine au sol, qu'il faut, au contraire, choisir la nature des laines suivant le sol et la température de la province où l'on veut placer le troupeau. En France, quatre provinces au nord peuvent seuls produire les laines mérinos, et un rayon de trente à quarante lieues à l'ouest de l'Ile-de-France, changeant le sol et la température, ne permet plus au sol de produire ni laine métisse ni laine mérinos. De Bordeaux à Calais, tout le littoral de la mer, tout l'ouest de la France, ne peut produire que des laines communes. Le centre, le midi et l'ouest peuvent produire des laines métisses qui ne vaudront jamais les laines métisses du nord de la France. La nature en changeant le sol et la température dans chaque province, en change les produits et force les cultivateurs à s'y conformer. Chaque fois qu'un cultivateur voudra faire produire au sol une race de troupeaux qui ne lui convient pas, ses animaux seront sans produit en laines. Que l'on place un troupeau d'élève des races anglaises n'importe dans quelle province de la France; que ce troupeau ne soit pas croisé; après dix ans de séjour en France, les brebis donneront à peine 2 à 3 francs de laines par toison. Pour obtenir dans chaque province des produits avantageux en laines, il faut obéir à la nature, en plaçant chaque race là où le sol et la température permetteront de donner de grands produits. Si le cheval croisé peut donner des produits avantageux dans chaque province, il n'en est pas de même des troupeaux, puisqu'il faut se conformer aux conditions que la nature impose dans chaque province pour la production des laines. Vous devez reconnaître, Sire, que tout croisement de troupeaux d'une race à une autre est destructible, et qu'il faut dans chaque province conserver précieusement les différentes races de troupeaux sans croisement entre elles, si l'on veut avoir des produits avantageux en laines.

Un seul peuple en Europe a su comprendre la production des laines mérinos et intermédiaires, et d'un pays dont il y a 40 ans les terres étaient sans valeur, a su en tripler les produits par la production des laines mérinos; les propriétaires allemands ne comptent pas leur revenu, comme en France, par le produit des fermes; ils font valoir par des agents, et disent : Je possède 15 ou 20,000 moutons qui, à 15 francs la toison, me rapportent deux à trois cent mille francs. Et l'on comprend que ces hommes qui possèdent trois à quatre lieues de pays, qui il y a 40 ans étaient sans produits, employent tous les moyens pour conserver la race mérinos qui fait la fortune de ces provinces, et est un produit pour eux plus certain que les mines d'or de la Californie. Au midi de l'Allemagne, il y a une race de moutons intermédiaire donnant beaucoup de laine; c'est avec cette race de moutons qu'ils alimentent nos marchés de Poissy et de

Sceaux, race très-dure et s'engraissant facilement; mais ils ont bien soin de ne pas mélanger les races et de les conserver dans toute leur pureté. C'est par ces moyens que depuis 40 années les propriétaires de l'Allemagne ont triplé leurs revenus, car, chaque année, ils exportent au midi de l'Europe, à la France, à l'Angleterre, à la Belgique et à l'Espagne, pour plus de cent millions de laines mérinos qu'ils ne connaissaient pas en 1815; c'est de nos dépouilles qu'ils se sont enrichis, et depuis 1835, que les troupeaux mérinos sont détruits en France, le commerce français porte chaque année cent millions pour achat de laines mérinos de grands prix, et de laines intermédiaires que la France peut produire; et ce sont les propriétaires allemands et les Anglais de l'Australie qui en profitent. L'Allemagne gagne un milliard tous les 10 ans par les laines mérinos qu'elle exporte; la France, au contraire, porte ce milliard à l'étranger depuis 1835, au détriment de son sol, des cultivateurs et des propriétaires.

Il y a 25 ans, la population de la France était de 25 millions d'habitants, et le blé valait 40 à 50 fr. le setier; aujourd'hui la population est de 36 millions d'habitants, et le blé vaut 25 fr. le setier. Depuis 25 ans, la culture a donc doublé les produits en grains, puisqu'elle nourrit un tiers de plus d'habitants, et que le blé est moitié moins cher; connaissant la production du blé, les cultivateurs ont doublé ce produit; s'ils avaient connu la production de la laine mérinos, ils en auraient fait autant; mais, induits en erreur par le gouvernement et ses agents, ils ont tout détruit depuis 20 ans, en suivant la marche que leur traçait les gérants qui dirigent les troupeaux reproducteurs de l'État. C'est ainsi que la France a perdu en 20 ans la race mérinos de grand produit, pour ne produire que des métis ou des discheley et des southdow, que l'on nomme discheley mérinos ou southdow mérinos, comme si la laine mérinos pouvait avoir quelque rapport avec ces ignobles races anglaises; et c'est le gouvernement, qui depuis 20 ans faisant revenir des brebis et béliers de l'Angleterre, et les croisant à Mont-Carvel, les dirige de là dans tous les troupeaux reproducteurs de l'État, et occupe les gérants à faire produire des brebis et béliers croisés anglais qui servent à détruire tous les troupeaux métis que la France possède encore.

Voici comment le troupeau de Rambouillet a été formé et détruit : L'Empereur, voulant s'assurer de la conservation de la race mérinos en France, et ne se fiant pas aux cultivateurs pour en conserver la race sans croisement, plaça un troupeau reproducteur à Rambouillet, qui faisait partie de la liste civile, et en conserva la haute direction. Jusqu'en 1830, cette sage disposition fut conservée ainsi que la race mérinos ; mais à partir de 1830, le troupeau de Rambouillet, ainsi que les autres troupeaux reproducteurs du gouvernement, furent placés dans les attributions des ministres de l'agriculture ; ces derniers changeant tous les trois mois, et ne pouvant s'en occuper, nommèrent des gérants pour les diriger. Voici comment ces derniers ont rempli cette mission :

Ils trouvèrent que la race mérinos était trop petite, et pensèrent qu'en augmentant la branche de cette race ils augmenteraient la fortune des cultivateurs ; ils croisèrent le troupeau mérinos de Rambouillet avec des gros béliers intermédiaires ; et créèrent ainsi la race métisse, race très-utile, mais que l'on pouvait créer sans détruire le troupeau mérinos de Rambouillet, car il y a des provinces qui ne peuvent pas produire la race mérinos, et qui peuvent produire la race métisse ; ce nouveau genre de laines a donc trouvé sa place dans la fabrication des étoffes à laines peignées, que l'on appelle mérinos ; mais comme ces étoffes sont à bas prix, et ne servent que pour le peuple, il faut pour les faire des matières à bon marché, et toutes les laines communes de l'Europe peuvent les faire, tandis que pour faire des draps fins, il faut de véritables laines mérinos de grands prix. Qu'arriva-t-il de ces croisements ? C'est que les cultivateurs du nord, croyant augmenter le produit des troupeaux en les croisant, prirent des béliers à Rambouillet, et détruisirent ainsi tous les troupeaux mérinos du nord de la France.

Lorsque le troupeau de Rambouillet produisait des laines mérinos, elles se vendaient 4 fr. le kil. en suint. Depuis 1835, qu'il est croisé, la qualité s'étant perdue de jour en jour, le prix a suivi la destruction de la laine, et est arrivé à 2 fr. le kil. en suint, ce que vaut la laine intermédiaire et métisse par toute l'Europe. Les brebis ou béliers subirent les conséquences de cette destruction et perdirent leur valeur : au lieu de vendre les brebis cent francs pièce, prix qu'elles se vendaient quand le troupeau produisait de la laine mérinos, il ne s'en vend plus du tout ; l'on est obligé de les vendre pour la boucherie pour s'en débarrasser ; ce ne sont plus les cultivateurs français qui viennent acheter les béliers que l'établissement trouve à vendre, ce sont les propriétaires anglais, pour leurs colonies du Cap et de l'Australie, désirant y faire produire des laines intermédiaires pour le peigne. Il y a dix ans que les cultivateurs du Multien, de la Brie, et du Soisonnais, voyant le troupeau de Rambouillet détruit sous le rapport de la laine mérinos, et ne produisant que des laines métisses sans valeur, ont cessé d'en acheter; les béliers, ce troupeau reproducteur, rapporte trois ou quatre cents fr. de moins par cent de toisons que les beaux troupeaux de l'Ile-de-France; il n'est donc plus possible que ces cultivateurs aillent chercher des brebis et béliers à cet établissement, puisqu'il est bien inférieur en produit à leurs troupeaux; les béliers mérinos de l'Allemagne valent jusqu'à 5 et 6,000 francs, ceux de Rambouillet n'ont pas trouvé acheteurs cette année à 250 francs, et si les Anglais ne les achetaient pas, le gérant serait obligé de les envoyer à la boucherie pour s'en débarrasser. Il en est de ce troupeau reproducteur comme d'un haras dont les étalons dégénérés seraient sans valeur; personne ne voudrait y conduire de juments. Le gérant est parvenu à augmenter la branche du troupeau par le croisement des béliers métis et par une nourriture forcée; mais cette forte nourriture, jointe aux croisements, a détruit la laine mérinos. Dans un troupeau d'élève, il faut une nourriture régulière, mais il ne faut pas faire des moutons gras comme ceux de Rambouillet, car la nourriture forcée que l'on donne à des moutons leur fait prendre de la viande au détriment de la laine, qui se grossit par cet excès de nourriture; c'est ainsi que le troupeau de Rambouillet a été détruit et qu'il ne produit plus que des laines métisses d'une qualité inférieure à celle de tous les beaux troupeaux de l'Ile-de-France, et qu'i est délaissé.

Voilà quelle est la position actuelle du troupeau de Rambouillet : non-seulement il ne produit plus de laines mérinos, mais il ne produit que de la laine métisse de qualité inférieure aux troupeaux du Multien et de la Brie; il ne peut plus servir à améliorer les troupeaux de l'Ile-de-France, puisqu'il est inférieur dans le produit de la laine; il ne peut servir que pour les troupeaux du centre, du midi et de l'ouest, qui peuvent produire les laines métisses, et si les gérants ne vont pas chercher des béliers mérinos pour faire la lutte dans le troupeau, la destruction sera si rapide que dans quelques années le troupeau de

Rambouillet ne produira plus qu'un genre de laine appelé gros métis, qui a peu de valeur. En mettant des béliers mérinos dans le troupeau métis de Rambouillet pour faire la lutte, l'on ne fera pas produire de véritables laines mérinos (un troupeau croisé ne peut plus produire de véritables laines mérinos), mais on arrêtera la destruction et l'on parviendra par ce moyen à produire de belles laines métisses.

Le but constant de M. Ivart, qui dirige tous les troupeaux reproducteurs du gouvernement, a toujours été d'augmenter la taille des moutons, croyant par ce moyen faire baisser le prix de la viande, et il a détruit dans toutes les provinces la valeur de la laine pour augmenter la branche des moutons; loin de faire baisser le prix de la viande, il s'élève à mesure que l'on détruit la valeur de la laine, car plus le prix de la laine baisse, plus les cultivateurs cessent d'élever, et plus ils diminuent le nombre de leurs moutons; ils n'ont plus de troupeaux pour le produit, mais seulement pour la consommation, et je vais démontrer que les troupeaux ne peuvent s'augmenter en France qu'en augmentant la valeur de la laine et du produit, et que pour arriver au but auquel tend M. Ivart, faire baisser le prix de la viande, il faut prendre un chemin opposé à celui que, depuis vingt ans, il fait suivre aux gérants qui dirigent les troupeaux reproducteurs du gouvernement et à tous les cultivateurs de la France.

Pour les provinces de l'ouest, du midi et du centre de la France, qui ne peuvent produire les laines mérinos, le principal produit est la race bovine; on ne s'occupe dans ces provinces que d'engraisser des bœufs, il n'y a des moutons que dans les parties du sol où le bœuf ne peut s'engraisser; dans cette partie de la France, les troupeaux ne sont pas nombreux et donnent peu de produits en laines; cependant, le produit de ces troupeaux pourrait être augmenté par l'introduction des brebis et béliers intermédiaires de l'Allemagne, non pas comme croisements, mais pour remplacer les races abâtardies qu'il y a dans ces provinces; cette race donne à la fois beaucoup de viande et beaucoup de laines et est d'un poids convenable pour le commerce. Cette race donne de cinquante à soixante livres de viande, c'est le poids le plus convenable pour la boucherie de Paris, elle peut doubler les produits des troupeaux de ces provinces tant en viande qu'en laines; mais si les provinces de l'ouest, du midi e du centre ne sont pas riches en troupeaux et en laines, il n'en est de pas de même des provinces du nord et de l'est dont le produit principal est le blé et la laine soit mérinos ou métisse, suivant que le gouvernement a le bon esprit de savoir diriger les cultivateurs. L'Empereur, avec son génie créateur, avait compris qu'en faisant produire de la laine mérinos aux troupeaux de ces provinces, ces produits pourraient alimenter nos principales fabriques de draperie de laines à cardes nécessaires pour la fabrication des draps fins, et que si l'argent qui sortait tous les ans de France pour achat de laines mérinos pouvait y rester, il profiterait aux cultivateurs et enrichirait les provinces, dont le sol permet de produire ce genre de laines; c'est pourquoi il fit amener les troupeaux mérinos d'Espagne en France en 1808 ; ces troupeaux s'acclimatèrent dans les provinces du nord, et jusqu'en 1835 les troupeaux mérinos furent conservés. Ce n'est pas la faute de l'Empereur si des hommes ignorants en production de laines ont détruit son ouvrage : souvent voulant se redresser l'on s'estropie ; les gérants ont fait comme l'homme de la fable, qui, ayant une poule qui chaque jour donnait un œuf d'or, la tua pour avoir le trésor. En 1830 l'Allemagne et la Prusse n'importaient en France que pour deux millions de laines, et aujourd'hui le commerce français va chercher pour cent millions de laines mérinos à l'Allemagne et à l'Australie, laines fines que la France produisait avant 1830, et chaque jour les troupeaux métis se détruisent en France par les croisements des races anglaises. Le chiffre pour lequel l'on va chercher des laines fines à l'étranger, s'augmente en proportion de la destruction. Si avant 1830 tous les troupeaux mérinos rapportaient de 12 à 15 fr. la toison, comme maintenant les métis ne rapportent plus que 6 à 8 fr., c'est 50 pour cent de produits qu'ils ont perdu depuis vingt ans, et cela explique le chiffre de cent millions de laines fines que le commerce français est obligé d'aller chercher à l'étranger depuis 1835, que le troupeau de Rambouillet est croisé et ne produit plus de laines mérinos.

Quand le commerce français emploie dans une année pour cent millions de plus de matière première que le sol ne peut produire, le gouvernement peut dire qu'il y a eu augmentation dans les affaires et progrès, parce que la France ne peut produire cette matière; mais si le commerce français allait chercher chaque année pour cent millions de blé en Russie, quand le sol peut le produire, ce serait au détriment du sol et du cultivateur, et cela ne pourrait qu'appauvrir la nation ; ce qui l'appauvrit en allant chercher du blé que le sol peut produire, l'appauvrit en allant chercher pour cent millions de laines mérinos que la France produisait il y a vingt ans et ne produit plus aujourd'hui.

Les gérants ne se sont pas contentés de détruire le troupeau mérinos de Rambouillet pour produire de gros moutons à laine métis, qui ne donnent pas moitié de valeurs des mérinos dans le produit annuel qui est la laine. Depuis quinze ans, ils vont chercher en Angleterre des brebis et béliers Discheley et Southdow pour les propager en France ; ils en ont formé un troupeau à Mont-Carvel, et, afin que la destruction se fasse plus rapidement, tous les ans M. le Ministre de l'Agriculture, induit en erreur par les gérants, et pensant faire un avantage aux cultivateurs du nord de la France, fait annoncer la vente de ces béliers communs dans les journaux, et les fait vendre à Alfort, dans l'Ile-de-France, la province qui peut produire les plus belles laines mérinos de l'Europe. Chaque année, 50 de ces béliers communs anglais sont vendus, et viennent détruire 50 troupeaux métis dans le nord de la France ; car un troupeau métis croisé avec la race anglaise Southdow ou Discheley, est un troupeau perdu sous le rapport du produit en laine. Plusieurs troupeaux reproducteurs ont été formés depuis 1848 dans les fermes régionales et modèles; tous ces troupeaux ont été formés par M. Ivart, avec des brebis métisses du troupeau de Rambouillet croisés, avec des béliers anglais ; enfin la race ovine n'est plus qu'un croisement général, il serait impossible de retrouver dans la France un troupeau de race pure, n'importe dans quelle nature. M. Ivart ne connaît que les gros moutons, il décrit parfaitement les formes de l'animal, sa construction, mais il ne parle jamais des produits en laine qu'il obtient avec les croisements, soit à Rambouillet, soit à Châtillon pour les métis, soit à Mont-Carvel ou dans toutes les fermes régionales et modèles pour les mérinos Discheley et Soutdow. Il faut donc que je vous démontre, Sire, ce qui doit résulter, dans un temps très-court, d'une semblable révolution ; elle ne se fait déjà que trop sentir, puis qu'en vingt ans la France a perdu cent millions de produits en laines fines ; mais ce n'est que le commencement de la transformation des troupeaux mérinos en troupeaux métis ; maintenant que l'on croise en grand les troupeaux métis du Nord, en établissant de tous côtés des troupeaux reproducteurs croisés avec des brebis métisses de Rambouillet et des béliers anglais, c'est la destruction générale des troupeaux intermédiaires en France; elle sera forcément condamnée à ne produire que des laines communes sans valeur, et dans 10 ans, comme elle ne produira plus de laines intermédiaires, le commerce français ira chercher à l'étranger pour cent millions de laines intermédiaires que la France ne produira plus, ce qui joint aux cent millions de laines mérinos que les fabricants de draps vont chercher à l'étranger, fera sortir de France 200 millions chaque année pour achats de laines que la France produisait de 1808 à 1830. Le croisement de béliers anglais ne produit pas de laine intermédiaire, mais de la laine commune sans valeur, et qui ne peut être employée dans les fabriques à cardes.

Sire, dans le commencement de ce travail je vous ai démontré que l'ouest de la France ainsi que l'Angleterre ne pouvaient produire que des laines communes sans valeur; l'air de la mer détruit les laines mérinos ou métises à 30 et 40 lieues; mais si les pâtures des bords de la mer sont nuisibles à la laine, elles sont favorables à l'engraissement des moutons, et leur font produire une chair plus succulente que dans toutes les autres provinces. Il faut donc bien se garder de conduire les races de l'ouest dans le nord, puisqu'elles sont sans valeur en laines. Eh bien! M. Ivart ne fait que cela depuis quinze ans, en faisant vendre par le gouvernement les béliers de Mont-Carmel à Alfort, et en faisant croiser tous les troupeaux reproducteurs de l'État avec cette exécrable race anglaise. Dans quel but fait-il ces croisements destructeurs? C'est pour diminuer les prix de la viande, ou telle est sa prétention. Je vais démontrer qu'en suivant ce système, la viande de mouton ne peut que renchérir d'une manière extraordinaire.

J'ai démontré que les gros moutons anglais convenaient au sol de ce pays, parce que les pâturages étant très-abondants, ils trouvaient une nourriture facile; mais en France, ne trouvant pas à se nourrir, ils sont très-délicats, c'est pourquoi M. Ivart les fait croiser à Mont-Carvel avant de les vendre à Alfort, puis ensuite, avec ces béliers déjà croisés, l'on croise tous les troupeaux métis du nord de la France; le premier croisement fait tomber le produit de la laine de moitié, puis après deux ou trois reproductions c'est une race de moutons communs que l'on finit par avoir, et qui est sans produit en laines ; plus la branche est augmentée par le croisement des gros béliers anglais, plus le cultivateur est obligé de diminuer le nombre de ses moutons pour pouvoir les nourrir. Ainsi, d'une part, réduction de moitié dans le prix de la laine; de l'autre, réduction du nombre des moutons, mais M. Ivart a le plaisir de voir de gros moutons anglais à Poissy; ce plaisir coûte cher à la France et aux cultivateurs, puisqu'ils perdent cent millions de produits annuels que le commerce français porte à l'étranger pour achats de laines fines que le nord de la France produisait il y a vingt ans et ne produit plus aujourd'hui.

Depuis que les troupeaux mérinos sont croisés et ne produisent plus que de la laine métisse, cette laine ne peut plus faire que le peigné et les draps communs ; les fermiers qui sont dans des terres de première qualité produisent de tout avec abondance, recherchant les plus gros béliers dans l'espoir de produire dix livres de laine en suint, ce qui, à 2 francs le kilo, prix ordinaire de ce genre de laine, fait 10 francs la toison. Ceux qui sont placés dans des terres inférieures prennent également de gros béliers, dans l'espoir d'augmenter le poids de leurs laines; mais ce n'est pas le gros bélier qui fait produire plus de laine, témoin le bélier anglais qui, très-gros, donne moins de laine que les petits béliers mérinos; c'est le sol qui fait les gros moutons et permet de produire plus de laine intermédiaire, le sol produisant des nourritures en abondance permet d'augmenter la branche des moutons, et d'obtenir plus de laine intermédiaire, et les cultivateurs qui sont placés dans des terres inférieures ne peuvent augmenter ni la taille des moutons, ni le poids de la laine. Un gros bélier métis mis dans un troupeau placé dans une ferme dont le sol produit des nourritures en abondance fera produire dix livres de laine intermédiaire qui, à 2 francs le kilo, prix ordinaire, rapporteront 10 francs la toison; le même bélier, l'année suivante, mis dans un troupeau placé sur un sol inférieur, donnant difficilement de quoi nourrir le troupeau, ne peut faire produire que six livres de laine métisse qui, à 2 francs le kilo, ne rapporteront que 6 francs la toison.

Les fermiers pensent que si les troupeaux placés dans des terres inférieures ne rapportent que six livres de laine, c'est que ces troupeaux produisent encore des laines mérinos, et que ce genre de laine n'est productif ni en poids ni en argent; les fermiers se trompent. D'abord, il n'y a plus de troupeaux produisant de la laine mérinos, puisque tous les troupeaux reproducteurs, même celui de Rambouillet, sont tous croisés et ne donnent plus que des laines métisses; les fermiers qui sont placés dans les terres inférieures sont obligés de prendre les béliers mètis puisqu'il n'y en a plus d'autres, et c'est le même établissement qui leur procure les béliers soit pour le peigne, soit pour la carde; que les cultivateurs veuillent produire les laines mérinos ou les laines métisses, les béliers sont les mêmes dans tous les troupeaux reproducteurs, et ceux qui sont aujourd'hui placés dans les terres inférieures, et ne donnent que six livres de laine, ne produisent pas plus de laine mérinos que les autres, puisque depuis vingt ans ils sont croisés avec les mêmes béliers; seulement, la laine paraît plus fine, parce qu'elle est plus maigre, étant moins nourrie. Les béliers mérinos ne feront pas produire beaucoup plus de poids en laine aux troupeaux dans les terres inférieures; mais la laine ayant plus du double de valeur, le même poids en véritable laine mérinos rapportera plus du double d'argent; c'est pourquoi dans chaque ferme il faut placer le genre de laine qui convient au sol. Le croisement général qui a été fait dans tout le nord de la France a tout détruit, et il n'y a plus en France que des troupeaux reproducteurs de laines intermédiaires, les cultivateurs n'ont pas le choix et sont obligés de prendre des béliers produisant des laines intermédiaires, puisqu'il n'y en a plus d'autres.

En examinant la carte jointe à ce travail, vous verrez, Sire, que le sol et la température ne permettent de produire de véritables laines mérinos que dans la région du nord, les sept autres ne peuvent donner que des laines intermédiaires et communes. La région du nord peut doubler le produit de ses troupeaux, en produisant de véritables laines mérinos; et l'on peut améliorer les troupeaux des autres régions, en leur faisant produire de bonnes laines intermédiaires, dont la France fait une grande consommation. Il y a sept régions qui peuvent produire des laines intermédiaires et communes, et il n'y en a qu'une seule qui peut produire la véritable laine mérinos pouvant faire les draps fins, que l'Allemagne produit seule aujourd'hui.

Il est donc important d'examiner si le système de l'Empereur était plus productif et préférable, sous tous rapports, à celui de M. Ivart; une grosse brebis anglaise en troupeau d'élève, peut rapporter en France de 3 à 5 francs de laine, tandis qu'une petite brebis mérinos peut rapporter de 15 à 20 francs de laine; les brebis dans un troupeau d'élève y passent 8 à 10 ans et peuvent donner 5 ou 6 agneaux, en 8 ans la brebis anglaise rapportera 40 francs de laine, tandis que la brebis mérinos peut rapporter de 120 à 160 francs de laine dans le même temps. Un cultivateur qui, dans le nord de la France, peut nourrir un troupeau d'élève de 500 moutons métis, une fois que le troupeau est croisé avec les béliers anglais, que la branche est augmentée, ne peut plus nourrir 500 bêtes, et il est obligé de réduire le troupeau à 3 ou 400 bêtes. Ainsi le système de M. Ivart non-seulement détruit la laine, mais fait diminuer le nombre des moutons. (J'expliquerai quelle perte il y a pour les cultivateurs du nord à produire des gros moutons donnant de faibles produits en laines.) S'il y avait, dans le nord de la France, un troupeau mérinos reproducteur, et qu'il soit démontré aux cultivateurs que ces petits moutons mérinos produisent pour 15 à 20 francs de laines, chaque cultivateur qui a aujourd'hui 500 moutons métis, porterait de suite son troupeau à 800 bêtes, et ferait des nourritures en conséquence, car il aurait un produit certain et assuré. Ainsi le même cultivateur qui ne peut produire que 400 moutons croisés anglais, nourrira parfaitement 800 moutons mérinos; par ce moyen le nombre des moutons sera doublé dans le nord de la France, et ce n'est que dans ces provinces que les troupeaux sont nombreux.

J'ai dit plus haut que les brebis restaient 8 à 10 ans dans chaque ferme; voyons donc quel est le produit de la chair et de la laine pendant ce temps : la brebis mérinos peut rapporter en 8 ans de 120 à 160 francs de laines et sa chair ne vaut que 15 francs, encore il faut attendre 8 ans pour recueillir cette valeur que rapporte la brebis; quand, trop âgée, on la vend pour la boucherie, la chair ne donne donc que 8 p. 0/0 comparé au produit que peut donner la brebis mérinos avec la laine. Un cultivateur qui a 500 gros moutons métis pourra nourrir 800 moutons mérinos, tandis qu'avec la même quantité de nourriture, il ne pourra hiverner que 400 moutons croisés anglais; les 400 brebis anglaises rapporteront par an 2,000 francs de laines, et les 800 petits moutons mérinos rapporteront de 12 à 16,000 francs de laines, et comme les brebis passent 8 ans dans une ferme, le troupeau anglais rapportera en 8 ans 16,000 francs de laines, et le troupeau mérinos de 96 à 120,000 francs, il n'y a donc pas de comparaison possible entre le produit de ces deux races. Le système de l'Empereur, faire produire des laines mérinos à tout le nord de la France, était un acte de sagesse qui, non-seulement enrichissait la France, mais permettait aux cultivateurs du nord d'alimenter de leurs produits nos importantes fabriques de draperies, qui maintenant s'alimentent par les produits étrangers. Quand le troupeau de Rambouillet produisait des laines mérinos, elles se vendaient 4 francs le kilog. en suint, et rapportaient 15 francs par toison; maintenant qu'il est croisé et ne produit plus que des laines métisses, elles se vendent 2 francs le kilog., et rapportent moitié de ce qu'elle rapportaient il y a vingt ans. Dans les quatres années 1844 à 1847, le troupeau de Rambouillet fut lavé à dos et se vendit en moyenne 4 fr. 80 centimes le kilog. ; il n'y a pas de laines intermédiaires en Allemagne dont le prix soit si bas, et les véritables laines mérinos valent de 12 à 14 francs le kilog., trois fois le prix des laines métisses que produit les laines du troupeau de Rambouillet depuis qu'il est croisé. Pour les provinces du nord, c'est donc les laines mérinos dont le gouvernement doit protéger la reproduction en créant un troupeau reproducteur au centre de cette région. J'indiquerai, Sire, comment je crois que l'on peut parvenir rapidement à rétablir les troupeaux mérinos dans ces provinces.

Quant aux provinces du centre, du midi et de l'ouest, il n'y a que deux genres de laines qui doivent être encouragés par le gouvernement dans ces provinces, la race métisse et la race intermédiaire allemande, en plaçant cette dernière partout où la race métisse ne peut donner des produits avantageux. Quant à l'ouest qui ne peut produire ni la race mérinos ni la race métisse, la race intermédiaire allemande est la seule que le gouvernement doive encourager et propager par des troupeaux reproducteurs ; cette race donne beaucoup de viande et beaucoup de laine intermédiaire dont la France fait une très-grande consommation ; elle donne de cinquante à soixante livres de viande, s'engraisse facilement et est très-robuste. Elle convient parfaitement au sol et à la température de ces provinces. Le poids de cinquante à soixante livres est plus convenable pour la boucherie que celui de quatre-vingts livres que pèsent les moutons anglais ; il n'y a que la Picardie et l'Artois qui pourraient nourrir les gros moutons anglais ; mais comme le produit en laine de cette race est nul, il faut la laisser aux Anglais, dont le sol ne permet pas de produire d'autres laines, et placer dans toutes les provinces les races les plus productives en laines, celles qui donnent plus de produit annuel, et comme c'est la laine qui seule constitue le produit annuel des troupeaux, l'on comprend que le gouvernement ne doit encourager dans chaque province que les races devant donner plus de produits en laine. La laine métisse de Rambouillet et la laine intermédiaire d'Allemagne sont ce que l'on appelle dans le commerce laines intermédiaires, pouvant servir à faire des draps communs ou des mérinos ; mais la laine anglaise ou croisée anglaise ne rentre pas dans cette catégorie, c'est de la laine commune ne pouvant faire que la bonneterie ou la tapisserie. C'est pourquoi si le gouvernement continue à faire croiser tous les troupeaux dans toutes les provinces avec des béliers anglais ou croisés anglais, dans dix ans la France ne produira plus de laines intermédiaires, mais des laines communes sans valeur, et ira chercher pour 200 millions de laines à l'étranger.

Mais l'on me répondra, la France emploie des laines communes, pourquoi ne pas les produire ? Par la raison toute simple qu'avec 100 fr. on achète cent kilog. de laines communes du Maroc ou de l'Afrique, et qu'avec la même somme l'on ne peut acheter que six ou huit kilog. de laines mérinos d'Allemagne. Le cultivateur ne fait pas de sarrasin là où le sol peut produire du blé, et élever des races communes anglaises pouvant produire 3 à 5 fr. de laines, là où le sol permet de produire la race mérinos pouvant donner 15 à 20 fr. de laines, c'est mettre du sarrasin dans les terres à blé ; l'on ne comprend pas que pouvant choisir des races produisant 15 à 20 fr. de produit annuel, M. Ivart aille choisir la race anglaise qui ne peut en donner que pour 3 à 5 fr., race dont moitié de la peau ne porte pas de laine, et qui bien examinée est la plus mauvaise de l'Europe sous le rapport du produit annuel. J'ai démontré que l'air de la mer détruisait les laines mérinos ou métisses, M. Ivart a placé un troupeau reproducteur de béliers anglais à Mont-Carvel, et c'est dans ce foyer de destruction que le gouvernement prend tous les béliers communs qu'il fait vendre à Alfort, dans l'Ile-de-France, la province qui peut produire les plus belles laines de l'Europe ; c'est prendre le contre-pied de la production. Il faut détruire ce foyer de destruction qui produit des béliers de 30 fr.

pièce, avec lesquels l'on détruit toutes les races ovines en France en les croisant avec ces ignobles produits.

C'est à vous, Sire, qu'il appartient de faire la lumière dans cette grave question ; vous ne pouvez suivre les aberrations des gérants qui dirigent les troupeaux reproducteurs du gouvernement ; vous ne désirez encourager que les races dont les produits peuvent être utiles à la nation en contribuant à l'enrichir. Si l'on voulait vous forcer à subventionner un haras dont les sujets dégénérés ne pourraient qu'abâtardir les races, vous vous y opposeriez ; il faut faire de même pour les races de troupeaux, et en quelques années, vous aurez augmenté le nombre des moutons et doublé le produit des laines dans toutes les provinces. C'est à vous que les cultivateurs devront le bienfait d'avoir débrouillé le chaos dans lequel M. Ivart et les gérants ont plongé les troupeaux reproducteurs depuis vingt ans, car en continuant pendant quelques années cette œuvre de destruction, la France ne produirait plus que de gros moutons que son sol ne peut nourrir, et des laines communes qui ne pourraient servir à aucune de nos principales fabriques et dont les prix tomberaient à 3 et 4 fr. la toison. Les laines africaines rapportent de 1 à 2 fr. la toison ; le jour où les cultivateurs ne produiront plus que des laines communes, le fabricant les comparera avec les laines communes de l'Afrique et les payera suivant leur degré de finesse. En continuant les croisements avec les béliers anglais, la France ne produira plus que des laines communes comme les laines africaines.

J'ai des discours de M. Ivart dans lesquels il dit : « que lorsque l'on a croisé un troupeau métis avec des béliers anglais, si l'on a obtenu trop de longueur, l'on peut croiser les brebis nées de ces croisements avec des métis, pour diminuer la longueur de la laine. » Cet homme croit que la production de la laine se manipule comme l'art du potier qui peut à son gré augmenter ou diminuer la quantité de terre qui sert à son vase; il ne sait même pas que la brebis née d'un croisement anglais ne produira plus que de la laine commune. Quel que soit le bélier avec lequel on croise de nouveau cette brebis provenant d'un croisement anglais, le sang du bélier commun a été inoculé par le premier croisement, c'est toujours la laine commune du bélier anglais qui dominera dans les croisements qui se succéderont jusqu'à ce que les produits soient devenus aussi communs que ceux du bélier qui a servi au premier croisement. M. Ivart ne s'attache qu'à la viande, ses principes de croisement pourraient être utiles aux Anglais, qui se passionnent pour les gros moutons et la graisse. Dans ce pays, dont les moutons sont sans produit en laine, la viande est en quelque sorte le seul produit, et l'on comprend que les Anglais y attachent beaucoup d'importance ; mais en France ces gros moutons croisés anglais avec lesquels M. Ivart veut remplacer les races mérinos ou métisses coûtent cher aux cultivateurs, puisqu'en vingt ans ils ont perdu 100 millions de laine fines, que le commerce français va chercher à l'étranger. M. Ivart peut se flatter d'avoir détruit l'œuvre de l'Empereur en croisant tous les troupeaux mérinos, et d'avoir par ce moyen rendu la France tributaire des étrangers pour les laines fines, indispensables pour la fabrication des draps.

Dans ces mêmes discours, M. Ivart dépeint comment les Anglais parviennent à livrer à la boucherie des moutons de quinze à dix-huit mois. Il croit que les cultivateurs qui suivraient ces errements devraient gagner de l'argent. Il veut absolument faire adopter, en France, le système anglais. Combien M. Ivart se trompe, je vais le démontrer. D'abord il faut conserver les brebis pour la reproduction, et il ne peut empêcher qu'elles passent huit années dans la ferme. Il faut donc rechercher les races qui donneront plus de produits annuels, et s'il y a un système de production que la France doive imiter, ce n'est pas le système anglais, dont la race de moutons est sans produit en laine et dont le sol ne permet de produire que la laine la plus commune de l'Europe. S'il y a un peuple dont les cultivateurs doivent suivre les traces, c'est le peuple allemand, dont le sol et la température étant les mêmes que le nord de la France, obtient des produits supérieurs en laines mérinos, et qui, ayant compris cette production, en a triplé les produits depuis vingt ans. L'Angleterre est bien près de la France ; la différence qu'il y a dans son sol et sa température la place à cinq cents lieues d'elle. Il ne peut donc y avoir aucun rapport dans les races ovines des deux pays. M. Ivart, qui engage les cultivateurs à vendre les moutons mâles à quinze et dix-huit mois, ne sait pas que la vie du mouton est à peu près de dix années et que, pendant ce temps, il parcourt deux périodes pour les laines ; l'une ascendante, l'autre décroissante. Il commence la période ascendante par être agneau blanc et ne donne que de l'agnelin ; la seconde, il est agneau gris : dans cette année, la nature lui prodiguant ses dons, lui fait produire la laine la plus longue, que de sa vie il pourra donner; la troisième il est antenais, la nature commence à mettre de l'ordre dans l'agencement de sa laine, elle est moins longue mais plus tassée; c'est l'âge où il donne plus de produit en laine. A quatre et cinq ans, la nature a fini de parfaire son œuvre. Dans ces deux années, la nature a atteint, pour la laine, son dernier degré de beauté et de perfection ; à cet âge, le mouton a terminé toute sa dentition, sa bouche est pleine ; il est ce qu'on appelle au rond frais. C'est à cet âge qu'il s'engraisse naturellement et à peu de frais; son corps ayant atteint toute sa force, a donné ses plus riches produits en laines ; passé cinq ans, il acquiert de la viande, mais c'est aux dépens de la laine qu'il perd chaque année à mesure qu'il acquiert plus de viande et plus de graisse. Un cultivateur qui connaît son métier ne vend jamais ses moutons avant d'avoir récolté les produits des cinq années ascendantes ; il conserve ses moutons tant que la nature lui prodigue ses dons en laines et les vend, à cinq ans, à un cultivateur qui n'élève pas et ne fait que d'engraisser des moutons pour la boucherie. Tant que la dentition n'est pas faite et que sa bouche n'est pas pleine, la viande ne peut avoir acquis ce parfum, ce fumet qui existe dans la viande du mouton qui a atteint l'âge de cinq ans.

J'ai indiqué quels étaient les conditions que la nature imposait pour pouvoir produire des laines mérinos, métis et intermédiaires, et comment la nature du sol et la température, changeant tous les quarante et cinquante lieues, forçaient les cultivateurs à approprier les troupeaux au sol et à la température de la province, afin de les mettre en harmonie avec les exigences de la nature; j'ai démontré que, si, dans certains produits, l'on pouvait quelquefois combattre la nature, en production de laine cela était impossible ; j'ai expliqué que la nature ayant favorisé la France, lui permet de produire dans le nord la race mérinos ; à l'est, au centre et au sud, la race métis de Rambouillet et la race intermédiaire allemande, donnant toutes deux beaucoup de viande et beaucoup de laine, et comment, dans l'ouest de la France, qui ne peut produire ni laines mérinos, ni laines métisses, l'on peut y encourager la race intermédiaire d'Allemagne, en y formant des troupeaux reproducteurs de cette race la plus riche en laine et en viande que ces provinces puissent produire, en ayant soin de placer le troupeau reproducteur à trente ou quarante lieues de la mer. Il ne me reste plus qu'à indiquer à Votre Majesté comment on peut parvenir à faire produire, dans toutes les provinces de la France, les races de moutons que j'indique, comme étant les plus productives, et celles qui doivent donner plus de produits dans chaque province.

La France est divisée en huit régions. Cette disposition est sage; seulement il y a des régions dont le classement des départements n'a pas été bien fait. Par exemple : on a mis dans la région du nord les départements du Nord, du Pas-de-Calais et de la Somme, qui ne peuvent produire que des laines communes, à cause de la proximité de la mer, avec les départements de l'Aisne, l'Oise et Seine-et-Marne, qui peuvent produire les laines mérinos; puis les départements de Seine-et-Oise, Eure-et-Loir et de la Seine, qui peuvent produire les laines mérinos, sont avec les départements du Calvados, de la Manche, qui ne peuvent produire que des laines communes à cause de l'air de la mer; et les départements du Loiret, de l'Yonne, de l'Aube, qui peuvent encore produire des laines fines, sont avec les départements de la Nièvre, du Cher, de Saône-et-Loire, de l'Allier, de la Loire et du Rhône, tous départements qui produisent des moutons à laine intermédiaire et engraissent des bœufs. Ces départements ne donnant pas de produits similaires, ne peuvent concourir ensemble, et comme les produits en laines mérinos sont beaucoup plus riches en laine que ceux des départements qui ne peuvent produire que des laines communes, il est indispensable que tous les départements du nord qui peuvent produire les laines mérinos forment une seule région, car les cultivateurs des départements qui ne peuvent produire que des moutons communs étant avec ceux qui peuvent produire les laines mérinos, ne pourraient rien obtenir pour les bêtes ovines au concours; c'est pourquoi il faut réunir dans chaque région les produits similaires, afin que la lutte étant possible, les prix soient un moyen d'amélioration pour l'agriculture. L'ancienne division de la France par provinces avait été bien faite en réunissant, dans chaque province, les produits similaires. Pour diviser la France en huit régions, il faut autant que possible ne pas s'écarter de l'ancienne division de la France en provinces.

Un concours général au centre de la France ne peut que dépenser de l'argent sans apporter la moindre amélioration à l'agriculture. Je vais le démontrer.

Un concours général peut aider à l'amélioration des races dans chaque province; mais à la condition de le faire au centre de chaque région. Il y aura plus d'animaux à chaque concours général fait au centre de chaque région, qu'il y en a eu à Versailles, au concours général de la France. Comment voulez-vous, Sire, que les cultivateurs fassent deux ou trois cents lieues pour venir au concours général soit à Orléans, soit à Versailles? Ce concours n'est pas pour les cultivateurs; il ne profite qu'aux cultivateurs propriétaires qui viennent recueillir les médailles et les prix. Ce n'est pas un concours pour l'amélioration des races; il n'en a que le nom : c'est une distribution d'argent et de prix faite à des riches cultivateurs, et le modeste fermier qui, par ses produits, gagnerait ces prix et ces médailles, ne peut y concourir. Il y a encore quelque chose qui déplaît et qui forcera Votre Majesté à faire les concours généraux au centre de chaque région. Vous allez, Sire, le reconnaître comme moi. Les moutons de l'Ile-de-France et des départements du nord qui peuvent donner de riches toisons mérinos et métisses sont à côté des produits de la Sologne, du Berry, des Landes et beaucoup d'autres races que la nature a moins favorisées et qui donnent des produits bien inférieurs. C'est la même chose dans les races bovines : les bœufs du Morvan, du Berry, de la Bourgogne, de la Champagne, sont écrasés par les bœufs nantais, charentais, limousins, contentins et beaucoup d'autres races dont la fertilité du sol permet de donner des produits supérieurs à toutes les autres régions. Chaque cultivateur dont le pays est moins favorisé par la nature et dont les produits sont inférieurs s'en va du concours regrettant que son pays, moins bien partagé, ne lui permette pas de produire des bœufs aussi gros que les nantais et les limousins, et des moutons mérinos dont la richesse des toisons permet à une seule brebis de rapporter autant d'argent que quatre à cinq brebis de leur pays; ces hommes qui, jusqu'à ce jour, croyaient leur pays le plus beau de la France, s'en vont en regrettant de ne pouvoir transporter leurs pénates, leurs biens dans l'une des provinces dont ils ont admiré les riches produits. On leur donne des prix; mais leurs bœufs et leurs moutons, écrasés par des produits supérieurs, ne sont regardés qu'avec mépris et ne servent que de contraste. Ordonnez, Sire, que les concours généraux soient faits au centre de chaque région, en présence de produits similaires; tout contraste disparaît, et ces animaux qui, à Versailles, n'étaient regardés qu'avec mépris par tous les visiteurs, là, au centre de la région, seront admirés, parce que, dans cette lutte, les produits seront les mêmes. C'est assez du grand concours général qui doit avoir lieu tous les cinq ans à Paris ; puis, je le répète, ce concours général ne vaut pas, pour l'amélioration des races, un concours général fait au centre de chaque région.

Un concours à Poissy pour les animaux gras est une complète inutilité, puisque les animaux ne peuvent plus se reproduire, et vont à la mort en sortant du concours ; c'est une question d'argent : celui qui a dépensé un billet de mille francs de plus que les autres a le prix ; un individu qui fait le métier d'engraisser les moutons et les bœufs, et qui en a à vendre, a intérêt à les engraisser, car plus il leur donne de nourriture, plus ils ont de poids et de valeur ; que vous donniez des prix ou que vous n'en donniez pas, il y aura toujours autant d'animaux gras à Poissy ; ces moutons ayant passé dans plusieurs mains, ce n'est pas le cultivateur qui les a élevés qui a le prix, mais des spéculateurs qui, trois mois avant le concours, choisissent les gros moutons pour les engraisser. L'on comprend un prix donné à des animaux reproducteurs qui peuvent améliorer les races ; mais récompenser un homme qui a acheté des moutons et les a nourris pendant trois mois, cela ne s'explique pas, d'autant plus que ces animaux ont pu jeunes être primés dans leur région ; si chaque marché il y avait des bœufs et des moutons aussi gras que le jour du concours, la boucherie en serait embarrassée, parce que ces animaux ne donnent pas de viande, mais du suif, l'excès de graisse nuit à leur qualité ; mais ces prix de Poissy ont encore d'autres inconvénients que je vais faire connaître.

Les quatre provinces qui peuvent produire des laines mérinos sont celles qui entourent Paris, et j'ai fait voir à Votre Majesté combien il importait, pour l'amélioration des races, que le gouvernement ne donne des prix qu'aux races les plus productives dans chaque région. Pour avoir l'espoir d'avoir un prix à Poissy, et de l'emporter dans la lutte, il faut, suivant les conseils de M. Ivart, croiser les métis avec des anglais ; c'est ainsi que ces quatre provinces vont se couvrir de troupeaux croisés anglais, et qu'après avoir perdu la production des mérinos nous perdrons celle de la laine métisse. Beaucoup de cultivateurs autour de Paris ont maintenant des mérinos d'Ischeley ou Southdow, et pour un qui emporte un prix il y en a cent qui ont croisé leurs troupeaux, non pas parce que ces croissements leurs donnent un bon produit en laine, mais parce que le gouvernement vend les béliers et donne des prix à Poissy aux gros moutons. Un cultivateur près Meaux, placé dans une ferme dont le sol permet de produire des mérinos de premier choix qui, avec la nourriture qu'il donne à son troupeau croisé nourrirait facilement huit cents moutons mérinos, dont le produit annuel, laine et viande, pourrait être annuellement de 15 à 16,000 fr., à des moutons anglais dont le produit en laine est nul, et il a payé la viande souvent un prix plus élevé que celui qu'il obtient à Poissy; quand il vend ces jeunes moutons, pour pouvoir suivre à la lettre les conseils de M. Ivart et se rapprocher du système anglais, voici les moyens qu'il emploie : en croisant des brebis métisses avec des béliers anglais, il aurait un troupeau de laines croisées qui serait sans valeur et sans produit en laines ; pour obvier à cet inconvénient, il achète tous les ans des brebis métisses, les met à la lutte avec un bélier anglais, nourrit très-fort les brebis et les agneaux, les engraisse, vend pour la boucherie les brebis dans l'année, et les agneaux mâles et femelles à seize ou dix-huit mois avant d'en récolter la laine; par ce moyen il ne récolte pas de laines communes et vend à la boucherie des moutons de seize à dix-huit mois, ce qui est, suivant M. Ivart, l'idéal du bien qu'un cultivateur puisse obtenir; ce beau résultat a été couronné par un prix au concours de Poissy pour les moutons de seize mois qui n'étaient que des agneaux gras, et comme ce système préconisé et couronné à Poissy va se répandre dans les provinces qui entourent Paris, les seules qui possèdent de grands troupeaux pouvant produire la laine mérinos de grand prix, et les laines métisses qui servent à faire les draps intermédiaires, il faut examiner avec attention les avantages que la France et les cultivateurs peuvent recueillir en suivant un pareil système.

La première objection qu'il y a à faire à ce système c'est qu'il est destructeur, que tous les agneaux sont vendus pour la boucherie. Ainsi, cette ferme près Meaux, où le fermier ayant un troupeau mérinos de huit cents bêtes, pourrait faire chaque année deux cent cinquante à trois cents agneaux, est perdu pour la reproduction, et au lieu d'augmenter le nombre des moutons et la production de la laine, il détruit par ce système l'un et l'autre ; puis avec la dépense qui est faite pour engraisser les brebis et les agneaux à seize ou dix-huit mois, le même cultivateur pourrait nourrir un troupeau mérinos de huit cents bêtes, augmenter chaque année le nombre des moutons de deux ou trois cents bêtes, produire chaque année huit cents toisons mérinos de grand prix pour alimenter les fabriques à carde et doubler le produit qu'il obtient aujourd'hui avec son système d'engraisser les agneaux gris et de les vendre comme moutons à la boucherie. Je sais fort bien que ce même cultivateur va me répondre: mais ce troupeau reproducteur de race mérinos de grand prix dont vous me parlez n'existe pas, je ne puis prendre que des brebis et béliers métis de Rambouillet, et ce troupeau est aujourd'hui sans produit en laine; c'est pourquoi je me suis décidé à faire ce travail afin de démontrer que le système de destruction suivi depuis vingt ans par les gérants nous fait perdre tout à la fois les riches produits de la race mérinos et ceux de la race métisse que le nord de la France possède aujourd'hui.

Il y a encore un inconvénient, c'est que ces jeunes moutons, ces agneaux, ces jeunes bœufs que M. Ivart conseil de vendre à la boucherie, ne sont pas des viandes faites, qu'elles n'ont pas la même saveur, et qu'il faudra une quantité plus grande de viande pour la même nutrition, puis ces viandes ne seront pas aussi saines au corps. Tous les ans l'on vend à Pâques des agneaux de lait qui ont six à huit mois; cette viande n'a pas le goût du mouton, et ce n'est pas à dix-huit mois que les agneaux gris ont pu acquérir le goût, la saveur, que donne la viande d'un jeune mouton de cinq ans; je l'appelle jeune, puisqu'à cet âge il ne fait que terminer sa dentition. Tous les animaux dont la bouche ne fait que de se garnir, ne peuvent être considérés, l'année où leur dentition se complète, que comme de jeunes animaux, et je suis certain que la viande du mouton de six ans est encore plus succulente, et qu'elle a plus de goût, de fumet que celle du mouton de cinq ans. Quant à la viande du mouton de seize à dix-huit mois, que M. Ivart engage les cultivateurs à vendre pour la boucherie, c'est de la viande d'agneau gris qui n'a plus la valeur de la viande d'agneau de lait, et qui n'a pas eu le temps d'acquérir le goût de la viande de moutons faits. Ce conseil donné par M. Ivart aux cultivateurs est, sous tous rapports, contraire à leurs intérêts, puisque j'ai démontré que c'était de un à cinq ans que les moutons donnaient leurs plus riches produits en laines;

en les vendant à dix-huit mois, le cultivateur n'a rien recueilli des riches produits que la nature leur prodigue de un an à cinq.

Les croisements anglais sont donc une perturbation générale dans la production de la laine. Si le fermier qui a croisé son troupeau conserve les croisements en troupeaux d'élève, son troupeau est sans produit en laine, car la laine croisée anglais ne peut payer la nourriture des moutons; c'est pourquoi les cultivateurs vendent à dix-huit mois les agneaux mâles et femelles provenant de ces croisements. En les vendant, ils diminuent le nombre des moutons, ne récoltent pas de laines, et vendent à la boucherie des viandes pas faites. Les prix de Poissy qui ne s'adressent qu'à la chair, loin d'être une amélioration pour les races ovines, ne peuvent aider qu'à leur destruction en encourageant les cultivateurs à abandonner le produit de la laine pour celui de la viande. J'ai démontré que la nature changeant le sol et la température dans chaque province, permettait aux cultivateurs de l'Ile-de-France, la Bourgogne, la Champagne et l'Orléanais, de produire des troupeaux mérinos de grands prix, tandis qu'à l'ouest de la France, l'air de la mer détruisant les laines mérinos et métisses, le principal produit des troupeaux est la viande; ces changements de sol et de température changeant les produits des races ovines dans les quatre parties de la France, forcent le gouvernement à ne donner des prix aux races ovines que dans les concours généraux faits au centre de chaque région, afin de n'encourager que les races les plus productives, tandis que les prix de Poissy couronnent en aveugle les gros moutons de la région du Nord comme ceux de la Picardie et de l'Artois, et ces prix encouragent les cultivateurs de l'Ile-de-France qui peuvent produire les troupeaux mérinos de grands prix à élever des troupeaux croisés anglais sans produits en laines.

En admettant, Sire, que vous approuviez le projet de faire des concours généraux un centre de chaque région, cela aidera à propager les races des moutons de grands prix, en plaçant un troupeau reproducteur au centre chaque région, et en désignant la race qui convient à la nature du sol et à la température; c'est ainsi que l'on parviendra à augmenter les troupeaux en France et à leur faire produire les 100 millions de laines fines et intermédiaires que le commerce français va chercher à l'étranger depuis vingt ans.

Le règne des gérants est fini. Ils ont fait assez de mal à la

France pour qu'un système plus sage et plus en harmonie avec nos besoins vienne les remplacer. Quelle garantie ces gérants donnent-ils à l'État? Aucune. Ils ont détruit toutes les races ovines de grands prix par leurs funestes croisements, et si on les laisse continuer leur œuvre de destruction, dans quelques années la France ne possédera plus que des troupeaux communs ou croisés anglais. Quel compte pouvez-vous leur demander, Sire? Aucun. Seulement de reconnaître que ce système est funeste e qu'il faut le remplacer. Au lieu de donner les troupeaux producteurs à des gérants, il faut les donner à des cultivateurs à qui le Gouvernement payera une subvention de deux ou trois sols par jour par brebis et béliers, pour produire dans la région la race qui sera désignée par le Gouvernement. Cette subvention sera payée à la condition que le cultivateur subventionné, pour avoir le troupeau reproducteur, achètera à ses frais les brebis et béliers dont la race sera indiquée, et la subvention sera payée tant que le cultivateur produira cette race. Une commission de fabricants et de cultivateurs, nommée par le ministre, examinera les troupeaux subventionnés tous les ans, dans le mois de mai, avant la tonte, et tant que ces troupeaux produiront le genre de laine désigné pour la région, la subvention sera payée; ce même cultivateur sera tenu de vendre tous les ans, au moment du concours, les béliers à trente mois et les brebis après avoir donné un agneau à l'établissement. Ces brebis et béliers seront vendus à l'encan, quel que soit le prix offert; la subvention couvrira la perte que fera le cultivateur en vendant les brebis et béliers à l'encan, et le troupeau sera proportionné à l'importance des troupeaux de la région.

Le concours général devant durer plusieurs jours, et se faisant au centre de chaque région, sera ouvert par la vente des laines du troupeau reproducteur, faite en présence des membres du jury et des cultivateurs, afin qu'ils puissent connaître la valeur du produit en laines du troupeau reproducteur, avant d'acheter les brebis et béliers. La laine sera récoltée, lavée à dos, au système allemand, afin d'avoir la même blancheur et la même douceur. Pour pouvoir rivaliser avec les Allemands dans le produit des laines mérinos, il faut non-seulement produire des laines mérinos d'égales finesses, mais il faut qu'elles aient la même douceur et la même blancheur. C'est la manière de conduire les troupeaux au printemps et de récolter la laine qui lui donne la douceur et la blancheur, qualités indispensables aux laines fines de grands prix pour faire les draps fins et les riches étoffes faites avec les laines peignées. Dans les quatre mois d'hiver que les troupeaux passent à la bergerie, décembre, janvier, février et mars, le mouton amasse sur sa laine une graisse qui enveloppant le tube de la laine, lui conserve la douceur et la blancheur. Le point important et difficile est de conserver cette graisse sur la laine jusqu'à la tonte. Les Allemands possèdent la manière de la conserver. Les troupeaux sont conduits pour cela, et lavés à dos. Comme le lavage à froid ne peut emporter la graisse, les laines lavées au système allemand ont conservé la graisse, même après le lavage; le tube de la laine reste enveloppé dans la graisse jusqu'au moment où le fabricant, prêt à l'employer, la fait dégraisser. C'est par ce moyen que les laines récoltées au système allemand sont toujours douces et blanches, qualités indispensables pour pouvoir faire les draps fins.

En France, des provinces lavent à dos et d'autres récoltent les laines en suint; dans l'Ile-de-France, qui peut produire les plus belles laines mérinos de l'Europe, les laines y sont encore récoltées en suint; je vais démontrer que cette manière de récolter la laine la durcit et lui donne une teinte jaune que l'on ne peut lui enlever; cette laine, qui est durcie et altérée par les acides que contient la terre qui l'enveloppe, fait des draps durs, au point qu'au toucher l'acheteur de draps reconnaît ceux faits avec les laines d'Allemagne et ceux qui sont faits avec les laines françaises; le nord de la France peut produire des laines aussi douces que les laines d'Allemagne, à la condition de conduire les troupeaux dans les mois de mars, avril et mai, comme les Allemands, et de récolter les laines de même; c'est la chose du monde la plus simple, mais encore faut-il le savoir et le faire. Les Allemands donnent de grands soins à la laine dans les derniers mois de la pousse, tandis que les cultivateurs, en France, font tout ce qu'ils peuvent pour altérer la laine avant de la récolter et lui enlèvent ainsi une partie de sa valeur. Pour conserver la graisse amassée sur la laine dans les quatre mois d'hiver, les Allemands conservent les troupeaux à la bergerie dans les mois de mars et avril, et font la tonte dans le mois de mai; le troupeau n'est livré à l'intempérie de l'air que lorsque la laine est récoltée.

En France, l'on suit un système opposé. Dès que le mois

d'avril est arrivé, les troupeaux sont conduits au parc la nuit, la laine est mouillée par la rosée, et, le matin, elle est brûlée par le soleil ; en quelques jours le soleil a absorbé la graisse que le mouton avait amassée sur sa laine dans l'hiver, et cette graisse est remplacée par la terre dont le troupeau se couvre par la poussière que sa marche soulève ; puis, les moutons, au lieu d'être tondus en mai, ne le sont qu'en juin et juillet. Ces deux mois de chaleur nuisent à la laine, qui se durcit par le contact de la terre dont elle est enveloppée. Lorsque les troupeaux sont tondus, le mal est fait, la graisse que les moutons avaient amassée l'hiver est remplacée par la terre, et cette terre, enfermée avec la laine, continue à détruire et altérer la laine jusqu'au moment où elle est mise en fabrication. La laine lavée au système allemand, se trouvant enveloppée de graisse, conserve sa douceur et sa blancheur pendant plusieurs années, et ces qualités lui donnent plus de valeur. Non-seulement il faut que le gouvernement français fasse acheter en Allemagne des brebis et béliers mérinos pour reformer un troupeau reproducteur en France, mais il faut étudier la manière dont les troupeaux sont conduits dans les derniers mois de la pousse de la laine, suivre avec soin l'opération du lavage des moutons, et importer en France les principes allemands ; le système français, détruisant la matière avant même qu'elle soit arrivée en fabrique, doit être changé, et c'est au gouvernement qu'il appartient de prendre l'initiative en formant des troupeaux reproducteurs dont la laine sera récoltée au système allemand, et les troupeaux conduits de même dans les derniers mois de la pousse, époque où la laine demande des soins.

Dans une grande partie de la France, les troupeaux sont lavés à dos, comme en Allemagne; mais les cultivateurs ne savent pas conserver la graisse que les moutons ont amassée sur la laine l'hiver; et, quand ils conduisent les troupeaux à la rivière, le soleil a absorbé la graisse ; il n'y a plus que de la terre dans la laine ; aussi les laines de Champagne lavées à dos sont poudreuses; le tube de la laine, au lieu d'être enveloppé de graisse, n'est couvert que de poussière qui la durcit; tandis que les laines d'Allemagne lavées à dos sont enveloppées de graisse qui nourrit la laine et lui conserve sa douceur et sa blancheur. Ces améliorations apportées par les Allemands dans la manière de récolter la laine sont devenues des principes élémentaires que tout peuple dont le sol permet de produire les laines mérinos et métisses doit s'empresser de suivre, s'il ne veut pas rester en arrière dans la production et voir tomber chaque jour le prix de ses produits. C'est au gouvernement à prendre l'initiative en commençant à adopter ces principes dans les troupeaux reproducteurs subventionnés par l'État.

Avec les concours généraux faits au centre de chaque région et un troupeau reproducteur placé au centre de chacune de ces régions, je réponds, Sire, faire produire en très-peu de temps les 100 millions de laines que le commerce français va chercher à l'étranger; la propagation et la conservation des troupeaux reproducteurs métis et intermédiaires allemands que je dis qu'il faut placer au centre des régions du midi, du centre, de l'est ou de l'ouest de la France, ne rencontrera aucune difficulté, et pour être certains que les choix de béliers soient bien faits, un homme connaissant bien les laines, nommé par le ministre de l'agriculture, pourra chaque année faire les choix de béliers dans les troupeaux reproducteurs.

Le plus difficile est de reformer le troupeau mérinos reproducteur, de l'acclimater, de conserver la finesse dans la reproduction, de savoir les choisir dans les nombreux troupeaux de l'Allemagne, car du choix qui sera fait dépend l'avenir du troupeau reproducteur et la reproduction des troupeaux mérinos en France. Il y a en Allemagne bien des espèces de laines, et il ne faut choisir que le genre de laines préféré par nos fabricants, celui qui a plus de nature. Je sais qu'il n'y a pas de cultivateur, connaissant assez les différents genres de laines d'Allemagne, pour oser entreprendre de monter ce troupeau, et d'aller choisir en Allemagne les brebis et béliers. Si vous approuvez mes projets, Sire, je me chargerai du troupeau mérinos reproducteur, je le monterai au moyen de la subvention de trois sols par jour par brebis et béliers. Je ne placerai pas ce troupeau reproducteur à Rambouillet; les études que je fais depuis vingt ans sur la production des laines mérinos m'ont fait connaître que Rambouillet était trop à l'ouest pour y placer le troupeau mérinos reproducteur. La partie de la France où la nature a réuni le sol et la température la plus convenables est le Multien, la France, la Brie et le Soissonnais, et comme Meaux est placé au centre de ces plaines et au centre des quatre provinces du nord qui peuvent produire les véritables laines mérinos de grands prix, c'est à Meaux que je place le troupeau mérinos reproducteur et le concours général de la région du nord, que j'ai reclassé en ne mettant dans cette région que les départements qui peuvent produire les laines mérinos. Je joins ce classement à ce travail.

Les Allemands ont des troupeaux nombreux, et quand un propriétaire a quinze ou vingt mille moutons, il lui est facile de faire de bons choix sur une si grande quantité, et ce n'est pas avec un troupeau de mille bêtes que l'on peut remonter les troupeaux mérinos dans le nord de la France ; il faut que ce troupeau soit porté à trois mille têtes, jusqu'à ce que les troupeaux mérinos soient reformés en France. Il est facile de placer les béliers et brebis, tant à Meaux que dans les environs. Une fois le traité fait avec le gouvernement, je me charge de tout; avec le système que je propose à Votre Majesté, le gouvernement n'a plus aucun embarras et ne paye la subvention qu'autant que le propriétaire du troupeau reproducteur subventionné produit la race indiquée; et comme le troupeau est examiné chaque année par une commission de fabricants et de cultivateurs, Votre Majesté peut être certaine que le troupeau reproducteur produira la race pour laquelle il sera subventionné, et qu'en très-peu d'années le nord de la France produira de véritables laines mérinos, tandis qu'aujourd'hui le gouvernement paye pour les troupeaux des fermes-modèles et régionales, pour les troupeaux de l'État qui ne servent qu'à détruire les troupeaux métis que la France possède aujourd'hui. La ferme-école de Versailles est la seule qui, bien conduite, peut être utile pour mettre les jeunes cultivateurs à même de commencer leur éducation agricole en joignant la théorie à la pratique.

Je ne place pas le troupeau reproducteur à Versailles, parce que le sol et la température du Multien donneront toujours des produits supérieurs en laines au sol et à la température de la Beauce. Versailles est trop près de la Beauce, et n'est pas au centre de la région tel que je l'ai classé. Le sol de la Beauce est moins convenable que celui de la Brie pour la reproduction des troupeaux mérinos, les cultivateurs de la Beauce ne produiront de belles laines mérinos qu'en prenant des béliers dans le Multien ou la Brie. Dès l'instant que le sol est moins favorable à la production de la laine mérinos, il faut, si les cultivateurs veulent arrêter la dégénération, qu'ils ne prennent jamais de béliers élevés en Beauce, mais qu'il les prennent au troupeau reproducteur qui sera placé à Meaux en Brie. Enfin, Sire, quel que soit le troupeau que vous fassiez placer à Versailles ou à Rambouillet, je me charge de donner des produits bien supérieurs avec le troupeau reproducteur placé à Meaux, dussiez-vous faire partager le troupeau de Meaux et placer moitié des brebis mérinos achetées en Allemagne à Versailles. En deux ans il y aura une différence dans la valeur de la laine, le troupeau placé à Meaux donnera des produits supérieurs; vous comprenez alors combien il importe que le troupeau mérinos reproducteur soit placé dans la partie de la France où le sol et la température renferment toutes les conditions pour produire les plus belles laines mérinos, c'est le seul moyen de pouvoir en faire produire dans le nord de la France. Avec les chemins de fer les distances ne sont plus rien, et les fermiers peuvent facilement faire quarante ou cinquante lieues pour aller chercher un bélier donnant des produits supérieurs et pouvant améliorer leurs troupeaux.

Depuis 1835, le droit sur les laines est baissé de 10 pour cent, et c'est à dater de ce moment que les cultivateurs du nord ne se sentant pas suffisamment protégés, ont détruit les troupeaux fins pour produire des laines métisses, pensant que ces gros moutons devaient donner un plus grand produit. Ils font maintenant, comme à Rambouillet, moitié du produit qu'ils obtenaient avec les mérinos avant les croisements; ils pensaient que les moutons étant plus gros ils devaient faire plus d'argent, ils ne pensaient pas que la laine croisée devait avoir moitié de valeur. Le droit de 22 p. 0/0 est suffisant pour protéger la production des laines communes que la France n'a pas d'avantage à produire; les troupeaux communs sont moins délicats que les troupeaux mérinos, et coûtent moins à élever et à nourrir. Le chiffre de 22 p. 0/0 peut être suffisant pour ce genre de troupeau, mais il ne protégerait pas suffisamment les cultivateurs du nord, qui se livreraient à la production des laines mérinos; pour encourager les cultivateurs du nord à élever des troupeaux mérinos, il faut remettre le droit à 33 p. 0/0, comme il était avant 1835, mais seulement sur les laines fines, et laisser le droit à 22 p. 0/0, comme il est en ce moment, pour les laines communes; le droit est perçu sur la valeur de la laine, elle est estimée en entrant, il est facile de faire payer 22 p. 0/0 à la laine commune et 33 p. 0/0 à la laine fine, il ne s'agit que de fixer le prix où la laine sera considérée comme laine fine. Ainsi toutes les laines, jusqu'à 1 fr. 70 cent. en suint, 3 fr. 50 cent. lavées à dos et 5 fr. le kilog. en blanc, seront considérées comme laines communes et payeront 22 p. 0/0, et toutes les laines au-dessus de ces prix seront considérées comme laines fines et payeront 33 p. 0/0. Les laines fines étant suffisamment protégées, et Votre Majesté rétablissant un troupeau mérinos reproducteur, vous verrez, Sire, les cultivateurs du nord de la France reformer les troupeaux mérinos et alimenter nos fabriques de cette riche matière. Les cultivateurs devront ce nouveau bienfait au neveu de l'homme qui avait doté la France de ces riches produits. Les troupeaux mérinos qui avaient été importés en France en 1808 par l'Empereur, qui sont croisés et détruits depuis 1830, seront rétablis, en 1853, par Napoléon III; en cinquante ans, la France devra deux fois au nom de Napoléon l'importation des riches troupeaux mérinos. Il est présumable que le gouvernement et les cultivateurs, connaissant maintenant les moyens de produire en France les véritables troupeaux mérinos, sauront les conserver dans la reproduction.

Pour pouvoir produire en France les laines mérinos, il faut deux choses : un troupeau reproducteur, et le droit remis à 33 p. 0/0, comme il était avant 1835. Je vais démontrer la nécessité de remettre le droit sur les laines mérinos à 38 p. 0/0, pour encourager les cultivateurs à élever des troupeaux de cette race.

Le sol anglais ne peut produire ni laines fines pour carde, ni laines intermédiaires pour faire les étoffes de laines peignées, comme les mérinos et autres, dont le peuple fait une si grande consommation. Les Anglais voyant que le sol ne pouvait produire qu'une mauvaise laine commune, ne pouvant faire que la bonneterie et la tapisserie, eurent l'idée de transporter dans les colonies de l'Australie et du Cap des brebis et béliers mérinos de l'Allemagne ; et comme l'Australie, placée de l'autre côté de l'hémisphère, a le même degré de température que le nord de la France et de l'Allemagne, la reproduction des brebis et béliers mérinos réussit complétement ; seulement, comme le sol ne vaut pas celui de la France pour ce genre de laine, elle pousse sans nature, elle est fine, douce, et n'a pas plus de force que du coton ; mais par sa finesse et sa douceur, elle convient parfaitement pour toutes les étoffes à carde, et la reproduction s'est faite avec une telle rapidité, que l'Australie et le Cap produisent plus de laines fines aujourd'hui que toute l'Europe. Je joins la preuve à ce travail, en vous donnant le tableau des importations de laines en Angleterre, dans les années 1848 et 1849.

Comparez, Sire, la conduite du gouvernement anglais et celle du gouvernement français : le premier, voyant que la nature refusait au sol anglais la possibilité de produire les laines mérinos et métisses pour carde, et ne produisait qu'une laine commune qui ne pouvait alimenter ses nombreuses fabriques, transporte en Australie, à cinq mille lieues de l'Angleterre, des brebis et béliers mérinos, et se procure ainsi les laines fines intermédiaires qui alimentent toutes ses fabriques à carde; il vend même à l'Europe de grandes quantités de ces laines fines depuis dix ans; la France possède un sol auquel la nature a prodigué ses dons, en lui permettant de produire toutes les différentes natures de laines, et même les laines mérinos les plus précieuses par leur grande valeur; eh bien, le gouvernement, ou les hommes qui dirigent les troupeaux reproducteurs, vont depuis vingt ans en Angleterre chercher des brebis et béliers de ces horribles races Discheley et Southdow, que la nature a condamnées à ne produire qu'une laine commune, affreuse, longue de six pouces, et tellement claire que la moitié de la peau ne porte pas de laine, mais une espèce de jarre roux qui ne rapporte rien; c'est avec ces ignobles béliers que les gérants ont détruit toutes les races mérinos et métisses que la France possédait il y a vingt ans. Quelle différence dans la conduite de ces deux peuples! L'un augmente ses produits par l'introduction d'animaux produisant de riches matières, l'autre va chercher des animaux rebut de la nature, sous le rapport du produit en laine, et détruit avec cette race, qui est sans produit annuel, tous les troupeaux mérinos et métisses que le nord de la France possédait, et force les fabricants français à aller chercher en Allemagne les laines mérinos et en Angleterre les laines fines de l'Australie; et à mesure que le gouvernement détruit les races indigènes par les croisements anglais, le commerce français augmente ses achats de laines fines à l'étranger. Combien les Anglais doivent se moquer de nous, nous mépriser, en voyant notre ignorance en production de laine, quand ils nous voient acheter leurs béliers communs et les transporter en France, pour détruire nos troupeaux par ces ignobles croisements! Voilà quatre ans que j'avertis le gouvernement qu'il se trompe et qu'il détruit nos troupeaux; mais comme les hommes qui dirigent les troupeaux reproducteurs ne s'occupent que de la chair, et ne se doutent pas de ce qu'est la production de la laine, ils préfèrent continuer à détruire les races indigènes par les croisements anglais, et parviendront à ne faire produire que des laines communes sans valeur, et à forcer les fabricants à demander à l'étranger toutes les laines à carde qui s'emploient dans les fabriques françaises.

Sire, dans l'intérêt de la marine, le droit a été baissé sur les laines de l'Australie ; il y a deux marches à suivre : ou produire les laines fines que la France permet de produire, et défendre cette production par un droit protecteur suffisant ; ou faire comme en Angleterre, laisser les cultivateurs français produire les races communes anglaises ou autres, et abolir tous droits sur les laines étrangères comme en Angleterre, car la prime que le gouvernement paye sur les draps fins à la sortie de France ne protége plus le cultivateur français, puisqu'il ne produit plus que des laines intermédiaires et communes qui ne peuvent faire que les draps communs ; cette prime protége les producteurs allemands et anglais, puisque ce sont leurs produits qui font les draps fins. Quand les cultivateurs français produisaient des laines mérinos, le droit payé sur les draps fins à la sortie de France, permettait de payer la matière première 30 pour cent de plus ; aujourd'hui la prime payée à la sortie des draps fins ne protége plus que les producteurs étrangers, qui seuls ont le monopole des laines mérinos.

Ah ! vous le voyez, Sire, cette question est importante et avait besoin que l'œil du maître vînt s'y reposer, et la faisant étudier à fond, rende un décret qui, sapant le mal dans sa racine, permette de rétablir en France les riches troupeaux mérinos que l'Empereur y avait importés, et fasse produire au sol les laines nécessaires à nos besoins, afin d'alimenter nous-mêmes nos fabriques de ces riches matières.

Remarquez, Sire, que les Anglais qui demandent la liberté du commerce pour écouler les nombreux produits de leurs fabriques, sont ceux qui frappent les produits étrangers des droits les plus élevés ; ils ont abolis les droits sur les laines et les cotons, parce que le sol anglais ne peut en produire. Ils protégent le commerce sans nuire à l'agriculture, puisque le sol anglais ne peut produire ni laines mérinos ni laines intermédiaires ; ce pays n'est pas agricole, il est commercial, tandis que la France, qui est également une nation commerciale, est avant tout agricole, et tire sa richesse des produits de son sol. L'Angleterre, au contraire, ne tire sa richesse que de son commerce. Il y a donc une grande différence entre les intérêts des deux peuples. Le besoin, la position exceptionnelle que le sol fait au peuple anglais, puisqu'il ne peut le nourrir, ni produire les laines nécessaires à sa consommation, a forcé le gouvernement anglais à abolir les droits sur les grains et les laines. Mais si le sol anglais ne peut produire ni le grain ni la laine nécessaire à la consommation, le sol français peut produire l'un et l'autre ; les droits protecteurs doivent donc être différents ; et si le peuple anglais accroît la fortune publique par l'abolition du droit sur les laines que le sol ne peut produire, le gouvernement français ne peut conserver les intérêts des cultivateurs et de la propriété qu'en protégeant les produits du sol, ou en mettant un droit protecteur suffisant sur les laines étrangères, afin de protéger les laines indigènes.

Si les Anglais ont aboli les droits sur les laines, parce que le sol ne pouvait en produire, en revanche ils mettent des droits énormes sur les vins, les modes et tous les articles qui peuvent porter ombrage à leur commerce. Ils ne récoltent pas de vins, mais un droit énorme protége le commerce des boissons anglaises et par contre l'agriculture, puisque les boissons ne se font qu'avec ses produits. Il faut donc les imiter dans ce qu'ils ont de bien : abolissez le droit sur les cotons que le sol ne peut produire, et élevez le droit sur les laines fines en le remettant au taux où il était en 1835. La baisse du droit a fait perdre cent millions de produits à la France; ce n'est qu'en protégeant l'agriculture que vous pouvez enrichir la nation qui est un pays agricole et puise dans le sol sa principale richesse. Le système de l'Empereur, faire produire à la France tout ce que le sol et la nature lui permettent de produire, est le seul qui puisse l'enrichir, et si vous voulez que la race mérinos puisse se rétablir en France, il faut protéger cette production d'un droit suffisant et qui soit réellement protecteur, et ce droit ne peut être moins de 33 pour cent, seulement pour les laines fines. Je laisse dans le projet que je vous soumets, le droit actuel à 22 pour cent sur les laines communes ; l'augmentation de 11 pour cent sur les laines fines n'atteindra pas la consommation du peuple, mais de l'homme riche qui a intérêt à ce que les produits du sol s'augmentent, puisqu'il possède. Quant aux fabricants qui exportent des draps fins, ils sont protégés par le droit payé à la sortie, qui doit être en rapport avec celui payé à l'entrée. Les troupeaux en Allemagne coûtent beaucoup moins à nourrir qu'en France, et ceux de l'Australie et du Cap ne coûtent que les frais de berger et ceux du transport. Si les cultivateurs français ne sont pas protégés par des droits suffisants, ils ne pourront lutter contre les produits de l'Allemagne et ceux de l'Australie, et les propriétaires de ces deux pays seront les seuls producteurs par qui les fabriques à cardes françaises seront alimentées. Aujourd'hui qu'il n'y a plus un seul troupeau mérinos en France, il faut non-seulement reformer un troupeau reproducteur, mais il faut protéger cette production pour que les cultivateurs puissent s'y livrer.

Je n'ai plus à vous entretenir, Sire, que de la manière dont les prix doivent être donnés dans les concours à la race ovine, afin de compléter les moyens à employer pour l'améliorer et en doubler les produits. Les prix peuvent aider à améliorer les races; pour cela il faut qu'ils soient bien définis, et que l'on sache si c'est la chair ou la laine qui doit être primée. Il faut que les cultivateurs sachent que dans chaque province ils ne peuvent augmenter les produits de leurs troupeaux que par l'amélioration de la laine, aussi bien dans les provinces qui peuvent produire les laines mérinos que dans celles qui ne peuvent produire que des laines intermédiaires. La race intermédiaire allemande, importée dans l'ouest de la France, doublera les produits de ses troupeaux. Comme les races changent dans chaque province, il faut que les prix suivent la valeur des races et y soient proportionnés; il ne faut pas, comme on le fait, que la race mérinos dont les béliers peuvent valoir de 2 à 5,000 francs et les brebis de 50 à 100 francs, reçoivent un prix d'égale valeur aux races communes de l'ouest dont les béliers valent de 30 à 70 francs; et comme les races changent dans chaque province, il faut que les prix suivent les changements de races, et qu'ils ne soient donnés qu'à celles qui peuvent aider à leur amélioration dans chaque région, et à l'augmentation du produit annuel qui est la laine; et comme l'on ne peut produire beaucoup de laines sans augmenter les troupeaux, il n'y a donc pas à s'occuper de la chair dans les prix à donner à la race ovine. Il faut partout donner les prix aux races de moutons dont les produits supérieurs en laines, tant en qualité qu'en quantité, peuvent donner plus de produits annuels. J'ai démontré que les brebis, après avoir passé huit années dans une ferme, ne valaient, après ce temps, que 15 fr. pour la boucherie, et qu'il fallait attendre huit ans pour recueillir cette somme. Il faut donc pendant ces huit années que le cultivateur nourrisse la brebis qui peut lui donner de plus grands produits. La grosse brebis anglaise, qui coûte beaucoup à nourrir, ne rapportera en huit ans que 30 à 40 francs de laine, tandis que la petite brebis mérinos, qui coûtera beaucoup moins à nourrir, rapportera, dans le même temps, de 120 à 160 francs de laine; et quand on considère qu'avec la nourriture absorbée par la brebis anglaise le cultivateur du nord peut nourrir deux brebis mérinos, l'on peut affirmer que la race mérinos augmentant les produits, augmentera la valeur du sol, tandis que la race anglaise, préconisée par le gouvernement depuis 1835, ne fera que diminuer la valeur du sol en diminuant le produit annuel. J'ai également démontré qu'il n'y avait à s'occuper que des troupeaux d'élève, et comme le produit en viande de la brebis lorsqu'on la vend pour la boucherie, après l'avoir gardée huit années, n'est que de 15 francs, la viande n'entre pas pour un huitième dans le produit, puisque la brebis mérinos peut rapporter en huit ans de 120 à 160 fr. de laines. C'est pourquoi c'est la laine que partout il faut primer comme donnant 90 pour cent de plus de produit que la chair; c'est le produit annuel qu'il faut primer et non le produit que l'on obtient quand l'on vend les brebis pour la boucherie; c'est pourquoi, Sire, il faut propager, par des troupeaux reproducteurs, les races mérinos, métisses et intermédiaires, en les plaçant suivant le sol et la température, et ne donner de primes qu'à la laine et aux races qui peuvent augmenter les produits annuels dans toutes les régions.

Dans l'arrêté sur les concours, il est dit que les animaux de l'espèce ovine seront reçus à huit mois. L'on ne peut primer un agneau à huit mois. A cet âge, l'on ne peut juger de sa laine, puisqu'il ne porte que de l'agnelin. Il n'y a que deux âges qui doivent concourir dans toutes les régions : l'agneau gris à dix-huit mois, et l'Antenois à trente mois. Comme je connais le nord de la France, j'ai classé les régions du Nord, Nord-Est et Nord-Ouest, en réunissant les départements dont les produits similaires permettent que la lutte puisse s'établir à armes égales, et que chaque département puisse avoir l'espoir d'obtenir des prix au concours général fait au centre de chaque région.

Voici comment j'établis la première circonscription du Nord :

je fixe le concours général à Meaux, qui est le centre de cette région, parce que c'est là qu'il faut que le troupeau mérinos reproducteur soit placé; il est indispensable que le troupeau reproducteur soit placé au centre de la région où se fait le concours, car la vente des laines dudit troupeau doit être faite à l'ouverture du concours, en présence des cultivateurs, afin qu'ils connaissent le produit de la laine avant de se livrer aux achats de brebis et béliers.

PREMIÈRE RÉGION DU NORD, CONCOURS GÉNÉRAL A MEAUX.

1° Seine.
2° Seine-et-Marne. Troupeau mérinos reproducteur de 3,000 bêtes à Meaux.
3° Seine-et-Oise.
4° Oise.
5° Eure-et-Loir. Troupeau métis reproducteur à Rambouillet de 12 à 1,500 bêtes.
6° Loiret.
7° Yonne.
8° Aube.
9° Aisne.
10° Marne.
11° Haute-Marne.
12° Côte-d'Or.

Voici comment les prix doivent être distribués au concours général de la région du Nord fait à Meaux.

1er prix.	Bélier mérinos autenois, âgé de 30 mois.	2,000 fr.
2e »	» »	1,000
1er prix.	Bélier mérinos agneau gris, âgé de 18 m.	1,200
2e »	» »	600

Les agneaux gris primés pourront concourir l'année suivante pour obtenir les prix donnés aux autenois âgés de 30 mois; aucun âge ne sera reçu au concours qu'agneau gris 18 mois et autenois 30 mois dans les huit régions, soit pour les brebis, soit pour les béliers. Les lots de brebis seront de 20 bêtes.

BREBIS MÉRINOS, LOT DE VINGT BÊTES.

1er prix.	Brebis mérinos autenoises, âgée de 30 m.	2,000 fr.
2e »	Brebis » »	1,000
1er prix.	Brebis mérinos agneau gris, âgée de 18 m.	1,200
2e »	» » »	600

BÉLIERS, RACE MÉTISSE DE RAMBOUILLET.

1er prix.	Béliers autenois, âgé de 30 mois.	1,200 fr.
2e »	» »	600
1er prix.	Bélier agneau gris, âgé de 18 mois,	800
2e »	» »	400

LOTS DE VINGT BÊTES, BREBIS RACE MÉTISSE DE RAMBOUILLET.

1er prix.	Brebis autenoise, âgée de 30 mois.	1,200
2e »	» »	600
1er prix.	Brebis agneau gris, âgée de 18 mois.	800
2e »	» »	400

Les agnelles primées pourront concourir pour les prix des autenoises âgées de 30 mois, en tout 16 prix à distribuer dans la première région du Nord au concours général fait à Meaux, seule région qui peut produire en France les véritables laines mérinos. Les 16 prix s'élèvent à 15,600 francs.

DEUXIÈME RÉGION DU NORD, ET CONCOURS GÉNÉRAL A NANCY.

1° Les Ardennes.
2° La Meuse.
3° La Haute-Saône.
4° La Moselle. Troupeau reproducteur. Intermédiaire allemand à Nancy de 12 à 1,500 bêtes.
5° La Meurthe.
6° Les Vosges.
7° Le Haut-Rhin. Les cultivateurs qui ont des troupeaux métis dans cette région pourront prendre les béliers à Rambouillet.
8° Le Bas-Rhin.
9° Le Doubs.

BÉLIERS, RACE MÉTISSE DE RAMBOUILLET.

1er prix.	Béliers autenois, âgé de 30 mois.	1,200 fr.
2e	» » »	600
1er prix.	Bélier agneau gris, âgé de 18 mois.	800
2e	» » »	400

LOTS DE VINGT BÊTES, BREBIS RACE MÉTISSE DE RAMBOUILLET.

1er prix.	Brebis autenoise, âgée de 30 mois.	1,200 fr.
2e	» » »	600
1er prix.	Brebis ageau gris, âgée de 18 mois.	800
2e	» » »	400

BÉLIERS, RACE INTERMÉDIAIRE ALLEMANDE.

1er prix.	Bélier autenois, âgé de 30 mois.	1,000 fr.
2e	» » »	500
1er prix.	Béliers, agneau gris, âgé de 18 mois.	600
2e	» » »	300

BREBIS, RACE INTERMÉDIAIRE ALLEMANDE.

1er prix.	Brebis autenoises, âgée de 30 mois,	1,000 fr.
2e	» » »	500
1er prix.	Brebis, agneau gris, âgée de 18 mois.	600
2e	» » »	300

TROISIÈME RÉGION DU NORD-OUEST, CONCOURS GÉNÉRAL A ROUEN.

1° Seine-Inférieure.

2° L'Orne. Troupeau reproducteur intermédiaire allemand, de 12 à 1,500, à Rouen.

3° Calvados.

4° Manche.

5° Eure.

6° Somme. Les cultivateurs qui ont des troupeaux métis dans cette région pourront prendre des béliers à Rambouillet.

7° Pas-de-Calais.

8° Nord.

BÉLIERS, RACE INTERMÉDIAIRE ALLEMANDE.

1er prix. Béliers autenois, âgé de 30 mois.	1,000 fr.
2e » » »	500
1er prix. Béliers, agneau gris, âgé de 18 mois.	600
2e » » »	300

BREBIS, RACE INTERMÉDIAIRE.

1er prix. Brebis autenois, âgée de 30 mois.	1,000 fr.
2e » » »	500
1er prix. Brebis, agneau gris, âgé de 18 mois.	600
2e » » »	300

Je vous donne à la fin de ce travail le classement des autres cinq régions, et si vous adoptez la marche que je suis, je primerai les races dans chaque région suivant la nature du sol et la température, comme je le fais dans les régions du nord. Partout où le sol ne produira qu'une race comme dans la région du nord-ouest, il n'y en aura qu'une de primée, de même j'en primerai deux où il sera indispensable de le faire. Mais pour améliorer les races il est indispensable de ne primer dans chaque région que les races devant donner plus de produits en laines, suivant le sol et la température. Comme vous le voyez, la race mérinos n'est primée que dans la région du nord, la seule qui peut produire ce genre de laine, à la condition que la division que j'ai faite sera maintenue; les prix à donner à la race mérinos ne pourront se distribuer que lorsque cette race sera rétablie en France. Aujourd'hui il n'en existe pas un seul troupeau; les cultivateurs de l'Ile-de-France qui produisent les plus belles laines, vendent ces laines de 5 à 6 fr. le kil. lavées à dos. Les laines mérinos d'Allemagne valent de 12 à 14 fr. le kilog. lavées à dos; il n'y a donc pas de comparaison possible entre les laines métisses de France, genre de Rambouillet, et les laines mérinos d'Allemagne.

Comme les cultivateurs connaissent bien moins la laine que les fabricants, il est indispensable que M. le ministre de l'agriculture appelle tous les ans aux concours généraux des fabricants des villes de Sedan, Elbeuf et Louviers, pour donner les prix à la race mérinos et métisses, dans la région du nord, et des fabricants de Paris, Reims et Amiens, pour assister au concours des régions du nord-est et du nord-ouest, régions qui ne produisent que des laines intermédiaires ; pour les régions du midi les fabricants de ces départements pourront assister aux concours de ces régions. Je crois qu'il est nécessaire de former les sections qui doivent distribuer les prix à la race ovine, de moitié fabricants et de moitié cultivateurs, en ayant soin pour la région du nord, qui peut produire les laines mérinos, de ne prendre que des fabricants employant des laines à carde, tel que les fabricants de Sedan, Elbeuf et Louviers.

Sire, par le tableau des laines importées en Angleterre dans les années 1848 et 1849 que je joins à mon travail, je vous fais voir l'importance des colonies anglaises sous le rapport de la production des laines. En examinant le tableau d'importation que je mets sous vos yeux, vous saurez dans quelle proportion les laines des colonies anglaises entrent dans la consommation de l'Europe. Je classe séparément dans chaque année les laines des colonies et celles de l'Europe.

Laines d'Europe.	— 1848 —	*Laines des Colonies.*	
Germanie ou Allemagne.	48,478 balles	Australie.	110,941 b.
Espagne.	403	Cap.	13,409
Portugal.	2,922	Sund.	89,482
Russie.	7,402		
Laine d'Europe.	59,205 balles.	Colonies	213,832 b.
1849. Allemagne.	45,839 b.	1849. Australie,	125,732 b.
Espagne.	516	Cap.	20,345
Portugal.	4,420	Sund.	71,657
Russie.	16,681		
Laines d'Europe.	67,456	Colonies	217,734

Il y a peine vingt ans que les Anglais ont commencé à transporter les brebis et béliers mérinos d'Allemagne dans leurs colonies ; la température et la nature du sol convenant à cette race de troupeaux, ils se sont augmentés rapidement. Non-seulement les laines des colonies alimentent les fabriques anglaises, mais depuis six ans les Anglais vendent de grandes quantités de ces laines à l'Europe, et la quantité considérable de laines fines que ces colonies peuvent produire est effrayante pour les cultivateurs français, car en très-peu de temps elles produiront la quantité de laines fines nécessaire à l'Europe. Seulement ces colonies qui produisent des laines fines intermédiaires ne peuvent produire les laines mérinos extra-fines que l'Allemagne produit et que le nord de la France peut également produire, c'est pourquoi il est nécessaire de reformer les troupeaux mérinos dans le nord. La France est en paix avec l'Angleterre et l'Allemagne, il est probable qu'elle y restera longtemps; mais le jour où elle sera en guerre avec ces deux puissances, nos fabriques à cardes seront sans laines fines. Cet état de choses n'est pas normal, surtout quand la France a intérêt et peut produire les laines nécessaires à ses fabriques à cardes, et si aujourd'hui le nord de la France ne produit plus les laines mérinos que l'Empereur avait importées depuis 1808, c'est le gouvernement qui depuis 1830, suivant le système de M. Ivart, et faisant croiser tous les troupeaux reproducteurs de l'Etat, les a tous détruits pour ne produire que de la chair. J'ai démontré que l'on ne pouvait augmenter les troupeaux et produire de la viande à bon marché qu'en doublant la valeur de la laine dans toutes les provinces, et l'on ne peut arriver à ce but qu'en détruisant les troupeaux croisés, et en rétablissant des troupeaux reproducteurs de race pure de tous croisements.

Si la nature permettait à l'Afrique de produire des laines mérinos ou métisses dans les proportions des colonies anglaises, avant dix ans les cultivateurs français seraient ruinés. Ce danger n'est pas à craindre, car tout est contraire dans ce pays à la production des laines mérinos ; il est condamné par la nature à produire comme le sol anglais des laines communes qui ne peuvent rapporter que de 1 à 2 fr. la toison. Les cultivateurs français n'ont rien à craindre des produits en laines de l'Afrique ; quand le gouvernement français y dépenserait des millions, il ne pourrait améliorer la nature des laines de ce pays et en augmenter la valeur, la nature est plus forte en production de laines que la volonté des hommes. Loin de pouvoir augmenter et améliorer les troupeaux en Afrique, le gouvernement les verra se détruire à mesure que les terres se défricheront. La culture du coton, du tabac, de la soie et de la garance ne produit pas de nourriture pour les troupeaux, et à mesure que le sol se défrichera, les colons seront obligés de repousser les troupeaux dans les contrées de l'Afrique qui ne seront pas cultivées. Il ne serait pas sage de dépenser en Afrique de l'argent pour apporter des améliorations dans les produits de la laine quand la nature s'y oppose et ne permet que de produire des laines dures et communes; cet argent, dépensé en France, fructifiera, puisque la nature permet d'améliorer les laines dans tous les départements.

Il y a vingt ans la France produisait toutes les laines fines employées dans ses fabriques; en 1840 les troupeaux ayant été croisés avec des métis, ne produisaient plus que des laines intermédiaires pouvant faire les draps de deuxième choix; aujourd'hui que les troupeaux ne produisent plus que des laines gros métis, les laines françaises ne peuvent plus faire que le drap commun ; et si les croisements ne sont pas arrêtés, dans dix ans les laines françaises ne pourront plus faire que les draps de troupe, et la France sera tributaire de l'étranger, non-seulement pour les laines fines, mais pour toutes les laines intermédiaires que le sol ne produira plus. Aujourd'hui, ce sont les laines mérinos d'Allemagne qui font les draps fins, les laines d'Australie qui font les draps fins de deuxième choix, les laines du nord de la France qui font les draps communs; encore un pas et la laine française sera devenue trop commune, même pour les draps communs.

Je n'ai pas la prétention, Sire, d'être cru sans examen, c'est pour le provoquer que j'ai fait ce travail; ordonnez qu'une commission des principaux fabricants d'Elbeuf, Sedan et Louviers soit réunie, et demandez-leur si tout ce que je dis sur la destruction des laines mérinos en France est vrai; appelez cette commission au concours d'Orléans, afin de dire si dans tous les béliers qui seront au concours, il y en a un seul qui puisse produire de la laine mérinos extra-fine pouvant faire les draps fins; faites examiner le troupeau de Rambouillet avant la tonte, et demandez-leur si la laine produite par ce troupeau peut faire autre chose que des draps communs. Si les fabricants ne peuvent vous indiquer les moyens de produire en France les belles laines mérinos, ils peuvent vous dire combien depuis vingt ans la laine de France a déchu en qualité et combien elle se détruit chaque année par les mauvais croisements.

J'ai dit plus haut que toutes les laines étrangères de **1 fr. 70** en suint, 3 fr. 50 lavées à dos, et 5 fr. lavées en blanc seraient considérées comme laines communes et resteraient à 22 pour cent, et que toutes les laines au-dessus de ces prix seraient considérées comme laines fines et remises à 33 pour cent comme avant 1835; mais comme il faut que le droit ne soit remis à 33 pour cent que pour protéger les laines mérinos indigènes, et qu'il faut au moins sept ans pour rétablir les troupeaux mérinos dans le nord de la France, il faut que le droit soit graduellement élevé à 33 pour cent. Ainsi il peut être remis à 24 pour cent en 1854, 26 pour cent en 1856, 28 pour cent en 1858 et 33 pour cent en 1860; mais pour que les cultivateurs du nord se livrent à cette production, il faut qu'ils soient assurés que ce produit sera suffisamment protégé; pour cela il faut que le décret qui rétablira un troupeau mérinos reproducteur, élève le droit sur les laines fines à 33 pour cent comme ci-dessus.

Depuis 1808, les cultivateurs sont habitués à ne produire que les races élevées par le gouvernement, et vous ne trouveriez, pas, Sire, de cultivateurs qui veuille bien aller en Allemagne acheter des brebis et béliers. D'abord, ils n'ont pas les connaissances en laines pour le faire; il faut donc que vous mettiez les cultivateurs à même de se procurer les brebis et béliers mérinos, pour qu'ils puissent rétablir cette race. C'est pourquoi, dans ce projet, j'indique un troupeau reproducteur subventionné dans chaque région, suivant la nature du sol et la température, afin de produire en même temps les mérinos dans le nord, et les races métisses et intermédiaires donnant de grands produits dans toutes les autres parties de la France; montrer, enfin, que les Français sont aussi ingénieux que les Allemands et les Anglais, et que possédant un sol privilégié par la nature, ils sauront lui faire produire les laines nécessaires à leurs fabriques, afin de ne pas porter chaque année 100 millions aux Anglais et aux Allemands pour achat de laines fines que le sol a produites et peut encore produire.

La division des régions comme elle est faite a un très-grand inconvénient. L'on prend dans chaque département des jurés pour former le jury des sections dans chaque région. Les départements du Nord, du Pas-de-Calais, de la Somme, du Calvados, de la Manche, sont, avec les départements de Seine-et-Marne, Seine-et-Oise, Aisne, Oise. L'on prend des jurés dans chaque département, et les cultivateurs du Nord, du Pas-de-Calais, de la Somme, du Calvados et de la Manche, qui ne produisent que des moutons communs, se trouvent appelés par cette mauvaise division à donner les prix aux races mérinos ou métisses qu'ils ne connaissent pas. Il est donc important de rétablir la division des départements du Nord, et réunir dans la région tous les départements dont le sol permet de produire des laines mérinos, pour que la lutte soit possible et que les cultivateurs appelés à donner les prix connaissent ce genre de laine. Pour arriver à ce but, j'ai réuni les départements dont le sol et la température permettent de produire des troupeaux mérinos ; j'ai placé le troupeau mérinos reproducteur à Meaux, comme étant au centre des terrains les plus convenables à la production de ce genre de laine. Il y a trois causes qui décideront Votre Majesté à placer le troupeau reproducteur mérinos extra-fin à Meaux, ainsi que le concours général de cette région : 1° Les plaines qui peuvent produire les laines mérinos prennent naissance aux quatre points cardinaux de la ville de Meaux ; au nord, le Soissonnais et le Multien ; à l'est, la Champagne et la Bourgogne ; au sud, la Brie ; à l'ouest, la France et la Beauce ; 2° Meaux se trouve placé dans le Multien, le sol qui produit les plus belles laines de la France ; 3° le sol des environs de Meaux étant très-sain, est très-convenable pour y placer un troupeau mérinos reproducteur. Puis la rivière de la Marne qui traverse les plaines permettra de faire le lavage des troupeaux sans déplacement, et d'offrir aux fabricants les laines de ce troupeau reproducteur lavées au système allemand, lavage qui a une grande supériorité sur tous les autres modes de lavage, parce qu'il conserve la blancheur et la douceur de la laine, qualités qui ne s'obtiennent qu'en conservant la graisse animale que les moutons ont amassée l'hiver sur la laine ; le tube étant constamment enveloppé dans la graisse, conserve sa douceur et sa blancheur, et permet de produire des draps plus doux et plus moelleux.

Il y a quarante-cinq ans que l'Empereur a importé la race mérinos. Le nord de la France a produit des laines mérinos de 1808 à 1815, et ce sont les croisements des troupeaux de l'État qui ont perdu cette riche production. L'on ne s'explique pas que les hommes placés à la tête des troupeaux reproducteurs n'aient pas compris la production de la laine, et que ce soit ceux qui sont chargés de conserver les races, qui chaque jour les détruisent par de mauvais croisements. En les voyant propager par toute la France, les béliers communs anglais élevés à Mont-Carvel, l'on peut dire qu'ils ne comprennent pas les premiers éléments de la production, puisqu'ils ne savent pas que le sol et la température changeant tous les quarante et cinquante lieues, ne permettent pas de donner les mêmes produits en laines; pour eux la production de la laine est encore à l'état de problème. Ils ne savent pas si c'est la laine ou la chair qui constitue le produit annuel des troupeaux, et pensant trouver plus de produits dans la viande, ils détruisent la laine, tandis que l'on ne peut produire la viande à bon marché qu'en augmentant le produit annuel des moutons, qui est la laine. Les Allemands ayant seuls compris cette production, et pratiquant les principes que la nature impose, sont parvenus à produire les laines mérinos et les laines intermédiaires de grands prix; mais ils n'ont obtenu ces résulsultats qu'en classant les différentes races suivant le sol et la température sans jamais faire de croisements entre elles; c'est en conservant la pureté des races qu'ils produisent des laines de grands prix, c'est en croisant toutes les races avec des gros béliers anglais ou des métis que les gérants ont détruit les troupeaux mérinos en France, et qu'ils détruisent aujourd'hui les troupeaux métis que le Nord possède encore. Les deux systèmes sont diamétralement opposés: les Allemands imitent ce qu'avait fait l'Empereur en 1808, en plaçant un troupeau mérinos reproducteur à Rambouillet, pour que la race soit conservée sans croisement; ils suivent ces principes, ils exportent chaque année pour plus de 100 millions de laines fines à l'Europe. Les gérants, en France, croisent toutes les races, les détruisent les unes par les autres, et le commerce français va chercher à l'étranger pour 100 millions de laines fines que le sol peut produire et qu'il a produit de 1808 à 1835. Il est donc incontestable que le système de l'Empereur, que les Allemands ont mis en pratique depuis 1815, est le seul qui doive être suivi en France pour doubler le produit des troupeaux.

Dans la région du nord, les cultivateurs qui font valoir les terres de troisième classe ne peuvent produire les laines métisses pour peigne, parce que les nourritures ne sont pas assez abondantes; ils font peu d'argent de leurs laines métisses, tandis que les terres sont convenables pour produire les laines mérinos extra-fines de grands prix; avec des brebis et béliers de cette race, ils doubleront facilement le produit de leurs troupeaux, et produiront des laines mérinos pour nos fabriques à carde, qui.

depuis 1835, ne sont alimentées que par les laines mérinos d'Allemagne. Ainsi ces importantes fabriques d'Elbeuf, Sedan, Louviers et autres, qui, tous les ans, absorbent pour cent millions de laines fines pour la fabrication des draps fins, et qui, avant 1835, étaient alimentées par les troupeaux mérinos que le nord de la France possédait; depuis vingt ans que le troupeau reproducteur de Rambouillet est croisé, et que le nord de la France ne produit plus que de la laine métisse semblable à celle de ce troupeau reproducteur, les fabricants sont obligés de faire deux ou trois cents lieues pour aller en Allemagne chercher les laines mérinos indispensables pour la fabrication des draps fins, tandis que le nord de la France peut les produire; c'est donc au détriment de ces provinces que tous les dix ans, la France porte un milliard à l'étranger, pour achats de laine que le sol peut produire.

Dans ce travail, j'indique les moyens à employer pour produire les laines mérinos, et met à même Votre Majesté de lire à livre ouvert dans cette grande question des troupeaux mérinos et de la laine en général. Jamais décret ne pourra faire recueillir plus de gloire à l'Empereur, puisque, sans que les cultivateurs aient formé une seule demande, vous pouvez, Sire, mettre de l'ordre dans les concours généraux, en les faisant de manière qu'ils profitent à tous les cultivateurs et non à quelques-uns d'entre eux, et qu'ils profitent également aux principales villes de chaque région; vous rétablissez l'œuvre de l'Empereur en formant un troupeau reproducteur qui puisse mettre les cultivateurs à même de reformer les troupeaux mérinos de grands prix, afin de produire les laines fines indispensables pour faire les draps fins; et plaçant les concours au centre de chaque région, avec un troupeau reproducteur approprié au sol et à la température, vous doublerez le produit des troupeaux dans toutes les provinces, et ferez produire à la France les cent millions de laine que le commerce français va chercher à l'étranger. Les prix étant donnés à la laine, qui partout constitue le produit annuel, les troupeaux s'augmenteront à mesure que le produit s'élèvera; c'est ainsi qu'on arrivera naturellement à faire baisser le prix de la viande, dans toutes les provinces.

Beaucoup de cultivateurs me disaient : Vous n'arriverez pas, vos principes sont en opposition avec le système suivi depuis vingt ans par le gouvernement, qui partout détruit la valeur de la laine pour produire les gros moutons croisés anglais, donnant beaucoup de viande et pas de laine. Oui, si changeant de gouvernement il n'y avait eu qu'un nom à la place d'un autre, je ne me serais pas donné la peine de faire ce travail; mais en même temps que la providence faisait monter sur le trône le neveu de l'Empereur, et rendait à la France ce grand nom de Napoléon, le peuple apprenait qu'il n'y avait pas qu'un nom de changé, mais que tout un système gouvernementale succédait à un autre, et que si l'Empereur avait doté la France de lois qui faisaient du peuple français la première nation de la terre, son neveu, en montant sur le trône, y apportait les principes d'ordre et de sagesse qui avaient permis à l'Empereur de rétablir l'Empire français. Les décrets rendus depuis le 2 décembre, l'ordre qui existe maintenant là ou régnait l'anarchie, tout dit à la France qu'en vous, Sire, l'Empereur Napoléon lui est rendu. Je n'avais donc plus à hésiter, et dans l'intérêt de l'agriculture, des fabriques à cardes, dans l'intérêt de la nation, je devais vous faire connaître quel désordre régnait dans les troupeaux reproducteurs du gouvernement. Il suffit que j'aie fait connaître à Votre Majesté à quel point de destruction les gérants avaient amené les troupeaux reproducteurs de l'Etat, et combien leur système était funeste à l'agriculture, pour être certain que vous ferez la lumière dans une question qui intéresse la nation à un si haut degré.

N'oubliez pas, Sire, d'examiner la différence qu'il y a dans les habitudes suivies par les cultivateurs français depuis 1808, et la protection que le gouvernement a toujours accordée aux troupeaux reproducteurs ; tandis qu'en Allemagne et en Angleterre, la production de la laine est totalement abandonnée aux propriétaires, qui font valoir leurs terres par des agents, et dont la fortune permet de faire tous les sacrifices nécessaires et de se procurer les béliers mérinos de grands prix ; en France, ce ne sont pas les propriétaires qui font valoir leurs terres, mais des cultivateurs dont la fortune ne permet pas d'aller en Allemagne chercher des béliers mérinos coûtant 5 à 6,000 francs; c'est au gouvernement à faire acheter les brebis et les béliers, et les faisant vendre à l'encan aux cultivateurs, les laisser eux-mêmes en fixer la valeur suivant les produits qu'ils obtiendront de la laine.

Lorsque Jacquart travaillait au métier qu'il a mis sa vie entière à achever, tous les ignorants lui disaient : Vous n'arriverez pas ; mais lui, persévérant, acheva son œuvre et mourut à la peine. Ce métier a fait une révolution dans la fabrication et dans les arts et a immortalisé son créateur par les bienfaits que son œuvre a procurés à la nation ; mais, plus heureux que Jacquart, si Dieu prolonge les jours de Votre Majesté et les miens, je mettrai à l'œuvre ce projet gigantesque ; j'en doterai mon pays et ferai produire à la France les cent millions de laines fines et intermédiaires que depuis quinze ans le commerce français va chercher à l'étranger.

Ainsi, les troupeaux mérinos dont l'Empereur Napoléon avait doté la France en 1808, cette race de moutons qui donne de si riches produits, peut être importée en France. C'est à vous, Sire, que les cultivateurs devront ce nouveau bienfait; sans vous, je ne puis rien ; seul vous pouvez par un décret ordonner la création d'un troupeau mérinos et changer les dispositions prises par le Gouvernement provisoire pour les prix à distribuer aux races ovines dans les concours. J'ai mis sous vos yeux les moyens que je crois qu'il faut employer pour arriver à faire produire à la France les cent millions de laines fines que le commerce français va chercher à l'étranger. Si vous daignez le permettre, je mettrai en pratique les principes que j'ai expliqués dans ce travail ; j'ai fixé dans chaque région la ville où doit se faire le concours général et où doit être placé le troupeau reproducteur. Cependant je reconnais, Sire, qu'avant de rendre un décret qui fixe l'emplacement des troupeaux reproducteurs dans chaque région, il serait utile que vous ordonnassiez que, parcourant la France, je puisse étudier le sol et la température dans chaque région et choisir le sol le plus convenable à la production de la laine pour y placer le troupeau reproducteur.

QUATRIÈME RÉGION DE L'OUEST, CONCOURS GÉNÉRAL A ANGERS.

1° Finistère.
2° Côtes-du-Nord.
3° Morbihan. Troupeau reproducteur. Intermédiaire allemand de 12 à 15 bêtes à Angers.
4° Ille-et-Vilaine.
5° Loire-Inférieure.

6° Mayenne. Cette région ne peut produire que des laines intermédiaires et communes. Il faudra fixer des prix moins élevés pour les races communes.

7° Sarthe.
8° Maine-et-Loire.
9° Vendée.
10° Deux-Sèvres.
11° Charente-Inférieure.

RACE ALLEMANDE INTERMÉDIAIRE.

1er prix.	Bélier antenois, âgé de 30 mois.	1,000 fr.
2e »	» »	500
1er prix.	Bélier agneau gris, âgé de 18 mois.	600
2e »	» »	300

BREBIS RACE ALLEMANDE.

1er prix.	Brebis antenoise, âgé de 30 mois.	1,000 fr.
2e »	» »	500
1er prix.	Brebis agneau gris, âgée de 18 mois.	600
2e »	» »	300

Les brebis et béliers de 18 mois qui ont obtenu des prix pourront concourir pour le prix d'antenois de 30 mois. Les lots de brebis seront de 20 bêtes, et il ne sera pas reçu d'autre âge que des agneaux gris de 18 mois et des antenois de 30 mois.

CINQUIÈME RÉGION DU SUD-OUEST, CONCOURS GÉNÉRAL A AGEN.

1° Charente.
2° Lot. Troupeau reproducteur intermédiaire allemand de 12 à 1,500 bêtes à Agen.
3° Gironde.
4° Dordogne.
5° Lot-et-Garonne.

6° Tarn-et-Garonne. Je place le troupeau reproducteur à Agen pour l'éloigner des bords de la mer ; cette région ne peut produire que des laines intermédiaires et communes. Il faudra fixer des prix moins élevés pour les races communes.

7° Landes.
8° Gers.
9° Basses-Pyrénées.
10° Hautes-Pyrénées.
11° Haute-Garonne.
12° Arriége.

BÉLIER, RACE INTERMÉDIAIRE ALLEMANDE.

1er prix. Bélier antenois, âgé de 30 mois.	1,000 fr.
2e » » »	500
1er prix. Bélier, agneau gris, âgé de 18 mois.	600
2e » » »	300

BREBIS, RACE INTERMÉDIAIRE.

1er prix. Brebis antenoise, âgée de 30 mois.	1,000 fr.
2e » » »	500
1er prix. Brebis, agneau gris, âgée de 18 mois.	600
2e » » »	300

Les brebis et béliers de dix-huit mois qui ont obtenu des prix au concours pourront concourir pour les prix d'antenois de trente mois ; les lots de brebis seront de vingt bêtes. Il ne sera reçu au concours d'autre âge que des antenois de trente mois et des agneaux de dix-huit mois.

SIXIÈME RÉGION DU SUD, CONCOURS A NIMES.

1° Tarn.
2° Aveyron.
3° Aude. Troupeau reproducteur, intermédiaire allemand de 12 à 15,000 bêtes, à Nîmes.

4° Hérault.
5° Pyrénées-Orientales.
6° Gard.
7° Vaucluse. Cette région ne peut produire que des laines intermédiaires et communes. Il faudra fixer des prix moins élevés pour les races communes.
8° Bouches-du-Rhône.
9° Basses-Alpes.
10° Hautes-Alpes.
11° Var.
12° Corse.

BÉLIERS, RACE INTERMÉDIAIRE ALLEMANDE.

1er prix. Bélier antenois, âgé de 30 mois.	1,000 fr.
2e » » »	500
1er prix. Bélier, agneaux gris, âgé de 18 mois.	600
2e » » »	300

BREBIS INTERMÉDIAIRES.

1er prix. Brebis antenoise, âgée de 30 mois.	1,000 fr.
2e » » »	500
1er prix. Brebis, agneaux gris, âgée de 18 mois.	600
2e » » »	300

SEPTIÈME RÉGION DE L'EST, CONCOURS A LYON.

1° Jura.
2° Saône-et-Loire.
3° Loire.
4° Rhône. Troupeau reproducteur métis, race de Rambouillet, de 12 à 1,500 bêtes, à Lyon.
5° Ain.
6° Isère.
7° Drôme.

8° Ardèche. Cette région peut produire la race métisse et la race intermédiaire allemande.

9° Lozère.

10° Haute-Loire.

BÉLIERS MÉTIS, RACE DE RAMBOUILLET.

1er prix. Bélier antenois, âgé de 30 mois.	1,200 fr.
2e » » »	600
1er prix. Bélier, agneaux gris, âgé de 18 mois.	800
2e » » »	400

BREBIS MÉTISSES, RACE DE RAMBOUILLET.

1er prix. Brebis antenoise, âgée de 30 mois.	1,200 fr.
2e » » »	600
1er prix. Brebis, agneau gris, âgée de 18 mois.	800
2e » » »	400

Comme cette région peut produire la race intermédiaire allemande, je donne des prix pour cette race dans ce concours.

BÉLIERS, RACE INTERMÉDIAIRE ALLEMANDE.

1er prix. Bélier antenois, âgé de 30 mois.	1,000 fr.
2e » » »	500
1er prix. Bélier, agneau gris, âgé de 18 mois.	600
2e » » »	300

BREBIS, RACE INTERMÉDIAIRE ALLEMANDE.

1er prix. Brebis antenoise, âgée de 30 mois.	1,000 fr.
2e » » »	500
1er prix. Brebis, agneau gris, âgée de 18 mois.	600
2e » » »	300

HUITIÈME RÉGION DU CENTRE, CONCOURS A BOURGES.

1° Loire-et-Cher.
2° Indre-et-Loire.
3° Vienne. Troupeau intermédiaire allemand de 12 à 1,500 bêtes, à Bourges.
4° Indre.
5° Cher.
6° Nièvre. Troupeau reproducteur métis, race de Rambouillet, de 12 à 1,500 bêtes, à Moulins.
7° Haute-Vienne.
8° Creuse.
9° Allier. Concours alternativement à Bourges et à Moulins.
10° Puy-de-Dôme.
11° Corrèze.
12° Cantal.

BÉLIERS MÉTIS, RACE INTERMÉDIAIRE.

1er prix.	Bélier antenois, âgé de 30 mois.	1,200 fr.
2e	» » »	600
1er prix.	Bélier agneau gris, âgé de 18 mois.	800
2e	» » »	400

BREBIS MÉTISSES, RACE DE RAMBOUILLET.

1er prix.	Brebis antenoise, âgée de 30 mois.	1,200 fr.
2e	» » »	600
1er prix.	Brebis agneau gris, âgée de 18 mois.	800
2e	» » »	400

BÉLIERS INTERMÉDIAIRES, RACE ALLEMANDE.

1er prix.	Bélier antenois, âgé de 30 mois.	1,000 fr
2e	» » »	500
1er prix.	Bélier agneau gris, âgé de 18 mois.	600
2e	» » »	300

BREBIS INTERMÉDIAIRES, RACE ALLEMANDE.

1er prix.	Brebis antenoise, âgée de 30 mois.	1,000 fr.
2e »	» »	500
1er prix.	Brebis agneau gris, âgée de 18 mois.	600
2e »	» »	300

Le Berry ne pouvant produire les laines métisses, j'ai été obligé de placer dans cette région deux troupeaux reproducteurs, l'un de race intermédiaire à Bourges, l'autre de race métisse à Moulins.

J'ai joint à ce travail une carte de France divisée en huit régions, comme j'ai été obligé de le faire pour réunir les départements dont les produits sont similaires. En jetant les yeux sur cette carte vous verrez, Sire, que le sol des départements qui entourent la France ne peut produire que des laines intermédiaires dont la France fait une grande consommation ; mais aujourd'hui ces départements ne produisent en partie que des laines communes de peu de valeur, c'est pourquoi il est indispensable de placer des troupeaux reproducteurs de la race intermédiaire allemande qui donne à la fois beaucoup de viande et beaucoup de laines intermédiaires, afin d'augmenter les produits annuels des troupeaux dans toutes ces régions.

La région du nord comprend les départements qui peuvent produire les laines mérinos ou les laines métisses ; c'est la seule région dont le sol et la température permettent de produire les véritables laines mérinos de grands prix ; c'est pourquoi l'on ne comprend pas que depuis quinze ans le gouvernement fasse vendre à Alfort les béliers communs anglais qui sont sans proproduit en laine. Vous devez reconnaître, Sire, qu'en suivant cette marche, c'était détruire toutes les laines métisses que cette région produit encore, pour les remplacer par les laines communes anglaises qui sont sans produit annuel.

En plaçant dans chaque région un troupeau reproducteur donnant des produits supérieurs à ceux de la province, les cultivateurs s'empresseront de reformer leurs troupeaux avec les brebis et béliers des troupeaux reproducteurs, et en dix ans les races dégénérées qui existent dans ces provinces seront remplacées par celles que le gouvernement aura choisi comme devant donner plus de produits annuels. J'ai éloigné autant qu'il m'a été possible les troupeaux reproducteurs de la mer et des hautes montagnes, dont l'air détruit la laine; dans les régions de l'est et du centre, qui peuvent produire des laines métisses et des laines intermédiaires, j'ai donné des prix pour les deux races, afin que les cultivateurs dont le sol ne permet pas de produire les laines métisses puissent concourir pour les laines intermédiaires. Je pense qu'en suivant ces dispositions, le sol français pourra produire les cent millions de laines fines et intermédiaires que les fabricants vont chercher à l'étranger, depuis quinze ans que les troupeaux reproducteurs sont détruits par les croisements anglais et autres.

J'ajoute également à ce travail une note statistique des produits des troupeaux de Rambouillet, tant en vente de laine qu'en vente de brebis et béliers, depuis 1832 jusqu'en 1839.

J'ai bien l'honneur d'être, Sire,

de Votre Majesté,

le très-humble et très-obéissant serviteur,

Chauvet-Froger,

ancien négociant en laine à Meaux.

ERRATUM.

Page 19, ligne 32, *au lieu de :* la chair ne donne donc que 8 p. 0/0 comparé au produit, *lisez :* la chair ne donne donc que 12 à 15 p. 0/0 comparé au produit.

BERGERIE de RAMBOUILLET.

NOTE STATISTIQUE.

TABLEAU

Contenant les prix de ventes des Brebis, Béliers et Laines depuis 1832 jusqu'en 1847, inclusivement.

ANNÉES.	BÉLIERS. Nombre de béliers vendus	Le plus haut	Le plus bas.	Prix moyen.	BREBIS. Nombre de brebis vendues	Le plus haut.	Le plus bas.	Prix moyen.	LAINES. Quantité de laines.	Prix de vente le kilo.	OBSERVATIONS.
		fr.	fr.	fr. c.		fr.	fr.	fr. c.	kil.	f. c.	
1832	23	710	305	398 95	»	»	»	»	385 5 1919 5	2 30 2 50	Les archives de la Bergerie ne fournissent que très-peu de renseignements sur les années 1832 et 1833. Ceux ci-contre sont les seuls que l'on ait pu se procurer sur les troupeaux.
1833	41	»	»	»	57	»	»	»	»	»	
1834	14	455	255	305 »	41	230	65	101 »	1500	4 »	Cette année les laines n'ont pas été vendues en vente publique. L'on ne retrouve dans les archives qu'un projet de vente. Il existe une lettre ministérielle autorisant M. Bourgeois à vendre de gré à gré à 4 fr. le kilog.
1835	35	660	255	348 »	19	145	65	75 »	1562	3 70	
1836	51	1,200	255	441 »	13	125	65	77 »	183 1475	3 50 3 65	
1837	51	2,500	255	559 »	56	210	65	65 73	1592	2 80	Cette année les laines ont été vendues sans don d'usage.
1838	44	4,550	255	566 »	50	135	65	60 40	1807	2 80	
1839	41	2,125	255	617 92	33	105	65	73 »	1806 5	2 90	
1840	22	1,280	255	477 »	25	110	65	70 »	2137	2 40	En suint.
1841	14	1,400	255	421 »	27	60	50	56 »	1975	2 40	En suint.
1842	18	535	250	346 »	»	»	»	»	2057 2057	2 40 1 40	En suint. Il n'a pas été vendu de brebis aux enchères.
1843	11	600	255	301 »	4	61	61	61 »	2123	2 40	
1844	21	350	255	265 »	»	»	»	»	213 841	2 20 6 »	En suint. Lavée à dos.
1845	24	750	255	344 »	50	65	65	65 »	186 686	2 22 4 62	En suint. Lavée à dos.
1846	27	825	255	333 »	50	110	65	64 »	305 619	2 22 4 62	En suint. Lavée à dos.
1847	27	850	255	412 »	24	65	65	65 »	1636 149	2 22 4 25	En suint. Lavée à dos.
1848	10	680	255	359 »	34	100	65	58 »	»	»	Il n'a pas été vendu de laine.
1849	28	2,110	255	439 »	4	60	65	60 »	2719	2 10	Celles de 1848 sont comprises.

Paris. — Typ. de Mme Ve Dondey-Dupré, rue Saint-Louis, 46, au Marais.

CONSIDÉRATIONS

SUR

LE CONCOURS GÉNÉRAL D'ORLÉANS

Qui démontrent la nécessité de faire les Concours généraux au centre de chaque Région, et d'y placer un Troupeau reproducteur approprié au Sol et à la Température, afin de pouvoir produire les cent millions de laines fines et intermédiaires que depuis quinze ans le Commerce va chercher à l'Étranger.

La distribution des prix du concours général qui vient d'avoir lieu à Orléans justifie complétement le travail que je viens de publier et d'adresser à Sa Majesté l'Empereur.

Les prix à donner aux races mérinos et métisses ont été mis ensemble. S'il existait encore des troupeaux de mérinos en France, il ne serait pas possible de réunir les deux prix à décerner aux deux races, car il y a une différence très-grande entre les races mérinos et métisses. La race mérinos est la race pure, tandis que la race métisse a été produite, il y a vingt ans, par le croisement des brebis mérinos avec des gros béliers de laines intermédiaires. C'est ainsi que la race pure mérinos a été transformée en race métisse dans tout le Nord de la France, qui ne produit plus que des laines métisses pouvant faire les draps communs, ou la laine peignée pour mérinos; mais les laines provenant du croisement des mérinos que l'on appelle métisse ne valent en France que 4 à 6 fr. le kil. lavées à dos, tandis que les véritables laines mérinos d'Allemagne valent de 10 à 14 fr. le kil. lavées à dos, deux fois le prix des laines métisses. L'on ne peut donc pas appeler ce premier prix race mérinos et métisse, puisqu'il n'y a plus en France un seul troupeau reproducteur mérinos et que les établissements soit du gouvernement, soit des particuliers, n'élèvent plus que des béliers gros métis à longue mèche pour le peigne, laine qui n'a de rapport avec la race mérinos que pour en provenir par le croisement.

Si le Nord de la France ne produit plus de laines mérinos, il y a des départements qui produisent encore de belles laines métisses; ce sont les départements de Seine-et-Marne, Seine-et-Oise, Aisne et Oise. Ce qui démontre combien les cultivateurs s'occupent peu de la laine dans les prix, c'est que les prix donnés à la race soi-disant mérinos ont été décernés aux béliers du département du Calvados et de l'Orne, dont le sol et la température ne permettent de produire que des moutons à laines intermédiaires et communes. Si une commission de fabricants pouvait examiner les laines des troupeaux du Calvados et de l'Orne qui ont été primés comme produisant des laines mérinos, ils reconnaîtraient que les prétendus troupeaux mérinos ne peuvent pas faire même le drap commun.

Un concours général au centre de la France n'est qu'un mélange et une confusion de races qui ne permettra jamais d'améliorer la race ovine. Les jurés des départements du Nord, du Pas-de-Calais, de la Somme, du Calvados, de l'Orne, dont le sol ne permet de produire que des laines intermédiaires et communes, sont avec les jurés des départements de Seine-et-Marne, Seine-et-Oise, Aisne et Oise, qui produisent des troupeaux à laines métisses qui ont moins de branche, mais plus de valeur en laine. C'est par ce mélange incompatible de jurés, dont les uns n'estiment que la laine et les autres la chair, que les races sont détruites, car ils ne pourront jamais s'entendre pour décerner les prix. La preuve, c'est que les quatre départements qui produisent les plus belles laines métisses de la France n'ont rien eu, et que ce sont les troupeaux du département de l'Orne et du Calvados, dont le sol et la température ne permettent que d'élever des troupeaux à laines intermédiaires et communes, qui ont obtenu les prix soi-disant décernés à la race mérinos.

La Côte-d'Or, le Loiret, l'Yonne, Eure-et-Loir, sont les départements qui, avec l'Orne et le Calvados, ont obtenu les prix donnés aux races mérinos et métisses. Tout le commerce de laine sait que les départements de Seine-et-Marne, Seine-et-Oise,

Aisne et Oise donnent des produits en laines métisses bien supérieurs à tous les départements qui ont été primés; mais comme les jurés de l'Ouest de la France n'estiment que la viande et les gros béliers, ils l'ont emporté. C'est ainsi que les gros béliers ont été primés et ont été choisis de préférence aux véritables béliers métis que le Nord possède encore.

La seconde division est mal dénommée; elle est appelée race étrangère pure à laine longue. Il n'y a de race étrangère à laine longue que les races anglaises d'Ischeley et Southdow; mais cette race pure est tellement commune que le gouvernement la fait croiser à Mont-Carvel avant d'en vendre les produits aux cultivateurs à Alfort. Ainsi la qualification de laine pure étrangère à laine longue n'est pas exacte, puisque les béliers anglais vendus par le gouvernement ont déjà été croisés à Mont-Carvel et qu'ils le sont une deuxième fois avec les troupeaux de l'Ouest et du Nord de la France.

La troisième division de race étrangère pure à laine courte est inconnue ou n'existe que dans l'imagination de ceux qui ont fait la dénomination.

La quatrième division est appelée : race ou sous-race française, non comprise dans les classes ci-dessus. Cette classification est encore plus difficile à comprendre que les deux autres, et, pour dire la vérité, ces trois dénominations sont les mêmes produits; les trois races que je jury a voulu distinguer sont les produits des croisements que l'on a obtenus en croisant les races françaises avec les béliers anglais Southdow ou Discheley. Les béliers anglais croisés avec les troupeaux métis du Nord ont produit des métis Discheley ou Southdow; puis les troupeaux intermédiaires et communs de l'Ouest, du Sud, de l'Est et du Centre de la France, que l'on croise avec les béliers anglais, ne peuvent s'appeler que races intermédiaires croisées anglaises, ou races communes croisées anglaises. En appelant les races par leur véritable nom, on les comprendrait, et chaque département pourrait concourir pour les prix de l'une ou l'autre de ces races. Il y a une infinité de races françaises que l'on a croisées avec les races anglaises Southdow, Discheley et autres, et qui maintenant ne sont que des sous-races. L'on ne peut les distinguer qu'en ajoutant le nom de la race avec laquelle l'on a fait le croisement à celui de la race primitive. Les dénominations, comme elles sont faites, ne se comprennent pas; il n'y a que le Nord et le Nord-Ouest de la

France dont le sol permet d'élever des gros béliers anglais dont les produits ont été primés. Cinq régions n'ont rien obtenu, ce sont les régions du Nord, de l'Est, du Sud, Sud-Ouest, et la région de l'Ouest, telles que je les ai classées dans le travail que j'ai fait. Ces faits sont la justification de ce travail, et démontrent la nécessité de classer les régions en réunissant les produits similaires, et de faire un concours général au centre de chaque région, puis en plaçant dans chaque région un troupeau reproducteur subventionné de la race qui peut donner plus de produits en laines. L'on augmentera les produits des troupeaux, et l'on mettra les cultivateurs à même de produire les cent millions de laines fines et intermédiaires que le commerce français va, depuis quinze ans, chercher à l'étranger.

L'on comprend un concours général qui encourage les cultivateurs dans chaque région, et non un concours général qui ne fait que primer les produits des trois régions du Nord de la France, et qui ne prime dans la région du Nord, qui peut produire les laines mérinos et métisses de grands prix, que les troupeaux dont la laine est détruite par les croisements anglais, et qui, après trois ou quatre années de croisements, sera sans valeur et sans produit, parce qu'elle sera claire et commune. Le département de Seine-et-Oise, qui peut produire des laines mérinos et métisses de grands prix, n'a été primé que pour des laines croisées anglaises, et est venu lutter pour ce prix avec les produits du Berri et des départements du Cher, de la Somme et du Calvados, qui ne peuvent produire que des laines intermédiaires et communes. Le concours général, ainsi fait, ainsi compris, est la destruction de toutes les races ovines de grands prix ; sous le rapport de la laine, c'est le remplacement des races mérinos et métisses par les croisements anglais, c'est la destruction de la laine pour produire la chair.

La brebis reste huit à dix ans dans un troupeau d'élève, et lorsque, trop âgée, on la vend pour la boucherie, elle ne vaut que 15 fr. Une brebis anglaise peut rapporter en France, en troupeau d'élève, 5 fr. de laines; en huit ans, elle rapportera pour 40 fr. de laines, tandis qu'une véritable brebis mérinos peut produire une toison valant 15 ou 20 fr., et en huit ans rapportera 120 à 160 fr. de laines. Le cultivateur de la région du Nord qui peut nourrir quatre cents brebis anglaises, nourrira facilement huit cents brebis mérinos, car la brebis anglaise absorbe autant de nourriture que deux brebis mérinos. Ainsi une grosse brebis anglaise ne peut rapporter que pour 5 fr. de laines, tandis que deux véritables brebis mérinos peuvent rapporter, dans la région du Nord, pour 30 à 40 fr. de laines. Il n'y a donc pas de comparaison possible entre les deux races, et la chair que les cultivateurs de cette région cherchent à produire au détriment de la laine, est à peine de 10 à 14 p. 0/0 dans le produit de la race mérinos comparé à celui de la laine. Il faut garder la brebis en troupeau d'élève au moins huit ans ; après ce temps, la viande vaut 15 fr., et comme en huit ans la brebis mérinos peut rapporter de 120 à 160 fr. de laine, c'est 90 p. 0/0 de laines, contre 10 à 14 p. 0/0 de viande. L'on peut donc dire avec assurance que le gouvernement se trompe en primant les races croisées anglaises dans la région du Nord, qui seule peut produire en France les laines mérinos de grands prix. Le cultivateur ne récolte le prix de la viande qu'après avoir gardé la brebis huit ans, tandis que la laine se récoltant chaque année, constitue le produit annuel des troupeaux ; et détruire les laines mérinos et métisses dans la région du Nord pour produire la viande ou des troupeaux croisés anglais, c'est abandonner 90 p. 0/0 de produit, pour ne rechercher que le produit de la viande, qui est à peine de 10 à 14 p. 0/0 dans cette région en troupeau d'élève.

Il y a maintenant deux industries en France qui emploient beaucoup de laines : les fabriques à carde pour les draps, et les fabriques de peigné pour les mérinos. Il faut pour chacune de ces industries des produits différents : les fabricants de draps de Sedan, Elbeuf et Louviers n'emploient que des laines à carde et paient les véritables laines mérinos pour faire les draps fins de de 10 à 14 francs le kil., lavées à dos, tandis que les fabricants de Paris, Reims et Amiens, qui font peigner les laines métisses pour faire des mérinos, faisant des étoffes à bas prix, ont besoin de laines intermédiaires à longue mèche dont le prix ne dépasse pas de 5 à 6 francs le kil., lavée à dos ; toutes les laines de l'Europe peuvent faire ces étoffes, tandis qu'il n'y a que les laines mérinos d'Allemagne qui peuvent faire les draps fins de grands prix, et il n'y a que la région du Nord, telle que je l'ai classée dans mon travail, qui peut produire en France les véritables laines mérinos aussi belles que celles d'Allemagne ; c'est pourquoi il faut produire les laines mérinos de grands prix dans la région du Nord, les laines métisses dans les régions de l'Est, et les laines intermédiaires dans toutes les autres régions ; mais faire produire de la laine croisée anglaise dans la région du Nord, c'est mettre du sarrasin dans les terres à blé. La France ne peut produire les cent millions de laines fines et intermédiaires que le commerce français va chercher depuis quinze ans à l'étranger, qu'en imitant les Allemands, et en classant les différentes races par régions suivant le sol et la température, sans jamais les croiser entre elles; le Gouvernement a suivi depuis 20 ans un système opposé. Il a croisé toutes les races, et les troupeaux reproducteurs du Gouvernement ne produisent plus que des laines métises et croisées anglaises; les cultivateurs de la région du Nord, n'ayant plus de troupeaux mérinos reproducteurs, cherchent à compenser cette perte en produisant des laines métisses ou intermédiaires ayant beaucoup de poids, pour compenser la qualité par la quantité; mais ces laines ne peuvent plus être employées pour faire les draps fins de grands prix, elles ne peuvent plus faire que les articles de peignés, comme mérinos et autres, dont le bas prix ne permet que d'employer des laines intermédiaires à bon marché; mais le jour où Sa Majesté l'Empereur consentira à créer en France dans la région du Nord un véritable troupeau mérinos, la valeur de la laine mérinos donnera des produits plus élevés que la race métisse et les croisements anglais dans cette région, telle que je l'ai classée.

Il ne faut pas que les cultivateurs se fassent d'illusion : depuis 20 ans que les troupeaux mérinos sont croisés et ne produisent plus que de la laine métisse, la laine s'est grossie et ne peut plus faire que le drap commun, ou les mérinos qui sont des étoffes à bas prix, et comme l'on a abandonné la qualité pour la quantité, les propriétaires des établissements de béliers ont suivi l'impulsion donnée par le Gouvernement. Ils ont cherché à grossir les béliers et à allonger la mèche; aussi les béliers de ces établissements ne donnent plus que des laines gros métis qui, dans quelques années, ne seront plus que des laines intermédiaires et communes de peu de valeur. L'on ne peut conserver les laines mérinos qu'en choisissant les béliers les plus fins et les plus tassés en laines ; tandis que pour produire la laine métisse et intermédiaire pour le peigné, il faut choisir les béliers à longue mèche, et plus la laine est longue, plus elle est claire de mèche et commune. Les premiers croisements de béliers anglais avec les troupeaux métis bien tassés, donnent encore du poids; mais après plusieurs croisements, ces mêmes troupeaux ne produiront plus qu'une mauvaise laine commune qui sera sans poids et sans valeur. Depuis deux ans la laine est chère. Il en est toujours ainsi après les révolutions qui font vider les magasins en vendant les marchandises à vil prix ; mais quand la laine reprendra son prix normal, et que ces laines croisés se vendront 15 et 16 sous la livre en suint, les cultivateurs de la région du Nord qui auront croisé leurs troupeaux avec des béliers anglais récolteront des laines à 5 et 6 fr. la toison.

Les fabriques françaises emploient beaucoup de laines mérinos pour faire les draps fins, et de laines métisses et intermédiaires pour faire les articles de peigné. Il y a sept régions qui avec des troupeaux reproducteurs à laines métisses et intermédiaires peuvent produire ce genre de laines, tandis qu'il n'y a que la région du Nord, telle que je l'ai classée dans mon travail, qui peut produire les véritables laines mérinos de grands prix ; c'est pourquoi l'on ne comprend pas que le Gouvernement encourage par des primes la production de la laine commune anglaise dans la région du Nord. Le Gouvernement récolte depuis quinze ans de la laine croisée anglaise dans le troupeau du Mont-Carvel ; l'on peut, en faisant le relevé du produit de la laine depuis quinze ans, s'assurer que ce troupeau donne à peine 5 fr. de laine par toison, année commune ; de même, en relevant le produit du troupeau de Rambouillet depuis quinze ans, les cultivateurs seront convaincus que ce troupeau n'a donné que 7 à 8 fr. de laine par toison, année commune, en croisant les troupeaux de la région du Nord avec les béliers des troupeaux reproducteurs du Gouvernement ; ce que les cultivateurs peuvent espérer de mieux, c'est d'arriver à produire des laines de même valeur ; l'on peut donc dire affirmativement qu'en suivant les errements des gérants qui dirigent les troupeaux du Gouvernement, dans peu d'années les cultivateurs de la région du Nord produiront des laines croisées qui rapporteront de 5 à 7 fr. la toison, comme les troupeaux reproducteurs du Gouvernement, tandis qu'avec des béliers mérinos ils peuvent avoir des troupeaux produisant 15 et 20 francs de laines par toison et alimenter nos fabriques à carde qui, depuis quinze ans, le sont par les Allemands et les Anglais.

Les Allemands produisent les laines mérinos dans le Nord ; les laines intermédiaires pour peigne dans le Midi ; mais ils ont soin de ne pas croiser les races ; ce n'est qu'en les imitant que les cultivateurs pourront produire les laines fines et intermédiaires que le commerce va chercher depuis quinze ans à l'étranger, et qu'ils pourront augmenter les produits de leurs troupeaux. Pour arriver à ce but, il faut placer dans chaque région des troupeaux reproducteurs dont la laine sera appropriée au sol ou à la température. Afin de produire la laine mérinos dans la région du Nord, la laine métisse dans les régions de l'Est et la laine intermédiaire dans toutes les autres régions, et pour encourager les cultivateurs à améliorer leurs troupeaux, il faut que les concours généraux soient faits au centre de chaque région, et ne primer dans chaque concours que les races désignées par le Gouvernement comme devant donner plus de produits en laines dans chaque région. Le travail que j'ai remis à S. M. l'Empereur, et que j'ai publié indique le classement des régions et les moyens à employer pour arriver à produire les cent millions de laines fines et intermédiaires que le commerce va chercher depuis quinze ans en Allemagne et en Australie. Je donne également le tableau indiquant les produits du troupeau de Rambouillet depuis **1852**.

Ce travail se trouve chez MM. Garnier frères, 6, rue des Saints-Pères, et chez madame veuve Dondey-Dupré, 46, rue Saint-Louis (Marais).

Paris. — Typ. de Mme Ve Dondey-Dupré, rue Saint-Louis, 46, au Marais.

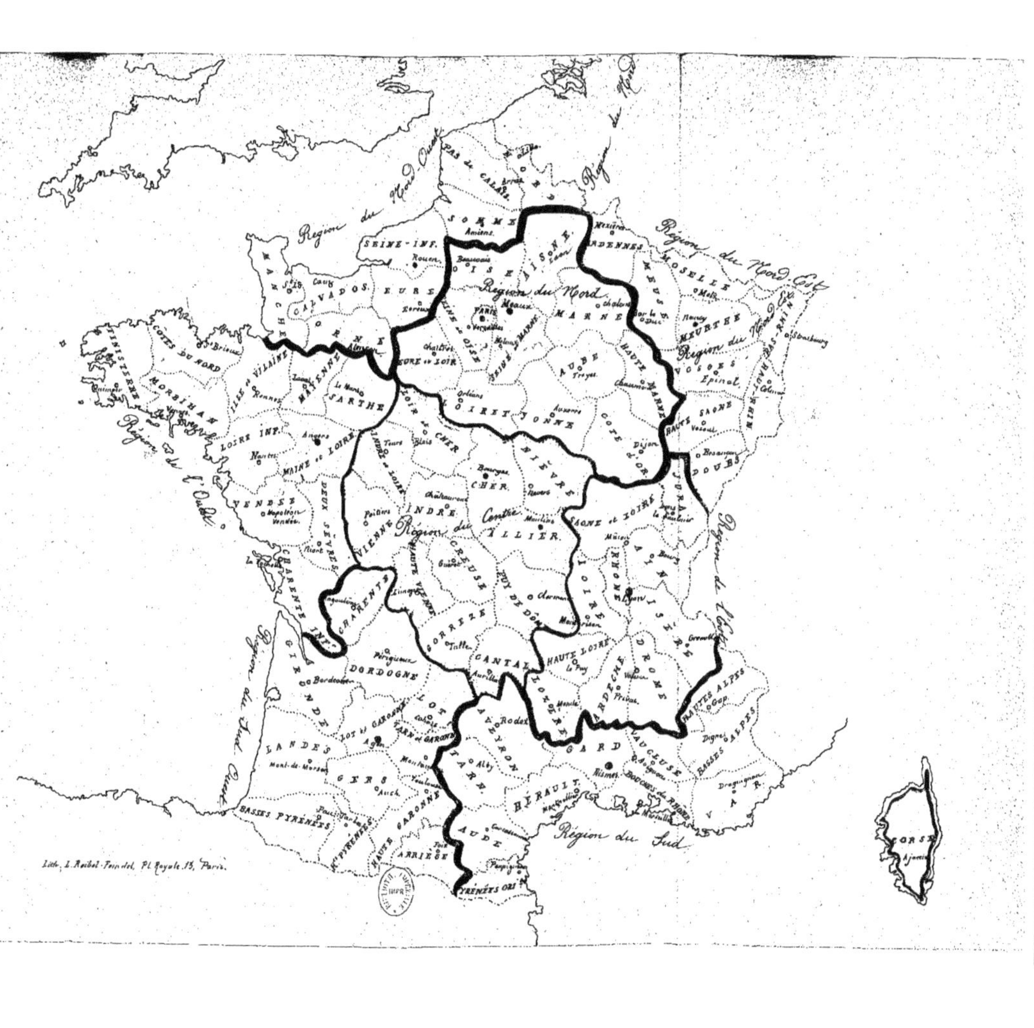

Région du Nord
Région du Nord-Ouest
Région du Nord-Est
Région de l'Est
Région du Centre
Région de l'Ouest
Région du Sud-Ouest
Région du Sud
PAS de CALAIS
SOMME
SEINE-INF.
OISE
AISNE
ARDENNES
MOSELLE
MEUSE
MEURTHE
BAS-RHIN
HAUT-RHIN
VOSGES
MARNE
HAUTE MARNE
AUBE
YONNE
LOIRET
COTE D'OR
HAUTE SAONE
DOUBS
JURA
MANCHE
CALVADOS
EURE
ORNE
EURE et LOIR
SARTHE
MAYENNE
ILLE et VILAINE
COTES DU NORD
FINISTERE
MORBIHAN
LOIRE INF.
MAINE et LOIRE
LOIR et CHER
INDRE et LOIRE
CHER
NIEVRE
INDRE
ALLIER
VIENNE
VENDÉE
DEUX SÈVRES
CHARENTE
CHARENTE INF.
CREUSE
HAUTE VIENNE
PUY DE DÔME
SAONE et LOIRE
AIN
RHONE
LOIRE
ISÈRE
CORREZE
CANTAL
HAUTE LOIRE
LOZERE
ARDECHE
DROME
HAUTES ALPES
BASSES ALPES
VAR
VAUCLUSE
GARD
HÉRAULT
AVEYRON
TARN
TARN et GARONNE
LOT
LOT et GARONNE
DORDOGNE
GIRONDE
LANDES
GERS
BASSES PYRÉNÉES
HAUTES PYRÉNÉES
HAUTE GARONNE
ARRIÈGE
AUDE
PYRÉNÉES ORL.
CORSE
PARIS
Rouen
Amiens
Beauvais
Laon
Meaux
Versailles
Chartres
Orléans
Auxerre
Troyes
Dijon
Vesoul
Besançon
Epinal
Nancy
Metz
Strasbourg
Mézières
Rennes
Nantes
Angers
Le Mans
Tours
Blois
Bourges
Nevers
Moulins
Poitiers
Guéret
Limoges
Tulle
Aurillac
Périgueux
Bordeaux
Agen
Auch
Mont-de-Marsan
Montauban
Toulouse
Alby
Rodez
Mende
Le Puy
Valence
Privas
Grenoble
Gap
Digne
Draguignan
Nismes
Montpellier
Avignon
Marseille
Carcassonne
Perpignan
Foix
Pau
Angoulême
La Rochelle
Niort
Clermont
Mâcon
Bourg
Lyon
Ajaccio

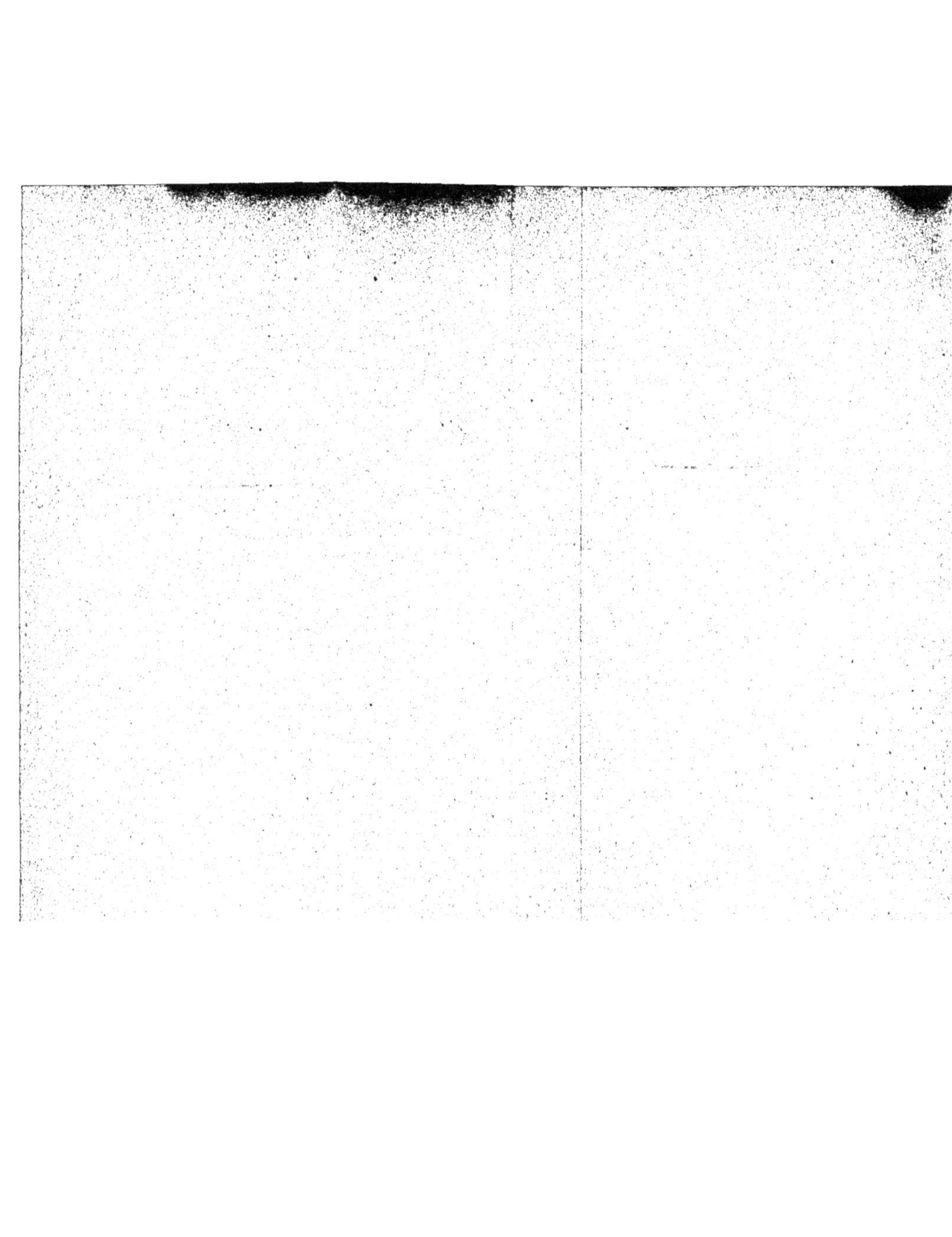

www.ingramcontent.com/pod-product-compliance
Lightning Source LLC
Chambersburg PA
CBHW071240200326
41521CB00009B/1562
* 9 7 8 2 0 1 9 5 5 8 3 3 8 *